什么是土木工程？

WHAT IS CIVIL ENGINEERING?

李宏男 主 编
杨东辉 副主编

图书在版编目(CIP)数据

什么是土木工程？/ 李宏男主编. -- 大连 ：大连理工大学出版社，2021.9(2024.6 重印)
ISBN 978-7-5685-3007-1

Ⅰ. ①什… Ⅱ. ①李… Ⅲ. ①土木工程一普及读物
Ⅳ. ①TU-49

中国版本图书馆 CIP 数据核字(2021)第 074576 号

什么是土木工程？ SHENME SHI TUMU GONGCHENG?

策划编辑：苏克治
责任编辑：王晓历　孙兴乐
责任校对：白　露　贾如南
封面设计：奇景创意

出版发行：大连理工大学出版社
（地址：大连市软件园路 80 号，邮编：116023）
电　　话：0411-84708842（发行）
0411-84708943（邮购）　0411-84701466（传真）
邮　　箱：dutp@dutp.cn
网　　址：https://www.dutp.cn

印　　刷：辽宁新华印务有限公司
幅面尺寸：139mm×210mm
印　　张：5.75
字　　数：92 千字
版　　次：2021 年 9 月第 1 版
印　　次：2024 年 6 月第 2 次印刷
书　　号：ISBN 978-7-5685-3007-1
定　　价：39.80 元

出版者序

高考，一年一季，如期而至，举国关注，牵动万家！这里面有莘莘学子的努力拼搏，万千父母的望子成龙，授业恩师的佳音静候。怎么报考，如何选择大学和专业？如愿，学爱结合；或者，带着疑惑，步入大学继续寻找答案。

大学由不同的学科聚合组成，并根据各个学科研究方向的差异，汇聚不同专业的学界英才，具有教书育人、科学研究、服务社会、文化传承等职能。当然，这项探索科学、挑战未知、启迪智慧的事业也期盼无数青年人的加入，吸引着社会各界的关注。

在我国，高中毕业生大都通过高考、双向选择，进入大学的不同专业学习，在校园里开阔眼界，增长知识，提

升能力,升华境界。而如何更好地了解大学,认识专业,明晰人生选择,是一个很现实的问题。

为此,我们在社会各界的大力支持下,延请一批由院士领衔、在知名大学工作多年的老师,与我们共同策划、组织编写了“走进大学”丛书。这些老师以科学的角度、专业的眼光、深入浅出的语言,系统化、全景式地阐释和解读了不同学科的学术内涵、专业特点,以及将来的发展方向和社会需求。希望能够以此帮助准备进入大学的同学,让他们满怀信心地再次起航,踏上新的、更高一级的求学之路。同时也为一向关心大学学科建设、关心高教事业发展的读者朋友搭建一个全面涉猎、深入了解的平台。

我们把“走进大学”丛书推荐给大家。

一是即将走进大学,但在专业选择上尚存困惑的高中生朋友。如何选择大学和专业从来都是热门话题,市场上、网络上的各种论述和信息,有些碎片化,有些鸡汤式,难免流于片面,甚至带有功利色彩,真正专业的介绍文字尚不多见。本丛书的作者来自高校一线,他们给出的专业画像具有权威性,可以更好地为大家服务。

二是已经进入大学学习，但对专业尚未形成系统认知的同学。大学的学习是从基础课开始，逐步转入专业基础课和专业课的。在此过程中，同学对所学专业将逐步加深认识，也可能会伴有一些疑惑甚至苦恼。目前很多大学开设了相关专业的导论课，一般需要一个学期完成，再加上面临的学业规划，例如考研、转专业、辅修某个专业等，都需要对相关专业既有宏观了解又有微观检视。本丛书便于系统地识读专业，有助于针对性更强地规划学习目标。

三是关心大学学科建设、专业发展的读者。他们也许是大学生朋友的亲朋好友，也许是由于某种原因错过心仪大学或者喜爱专业的中老年人。本丛书文风简朴，语言通俗，必将是大家系统了解大学各专业的一个好的选择。

坚持正确的出版导向，多出好的作品，尊重、引导和帮助读者是出版者义不容辞的责任。大连理工大学出版社在做好相关出版服务的基础上，努力拉近高校学者与读者间的距离，尤其在服务一流大学建设的征程中，我们深刻地认识到，大学出版社一定要组织优秀的作者队伍，用心打造培根铸魂、启智增慧的精品出版物，倾尽心力，

服务青年学子，服务社会。

“走进大学”丛书是一次大胆的尝试，也是一个有意义的起点。我们将不断努力，砥砺前行，为美好的明天真挚地付出。希望得到读者朋友的理解和支持。

谢谢大家！

2021 年春于大连

前　言

土木工程既是个古老的专业，同时又在不断地变革、更新、发展中。它涵盖面很广，是人类文明形成及社会进步过程中必需的民生工程，是国家建设的基础行业。目前，世界各国政府普遍以土木工程行业的兴衰为拟订经济建设计划的依据，以土木工程行业的发展水平为衡量国家发展程度的重要指标。“衣、食、住、行”是人类生存的最基本条件，土木工程技术为人类提供“住”的场所，人们出“行”依靠的基础设施（公路、铁路、机场、码头等）也需要土木工程技术来实现。因此，土木工程是关系国计民生的重要领域和关键行业，只要有人类生存和活动，就需要土木工程。

本书作为土木工程领域的科普类书籍，内容丰富、系统，通俗易懂，从不同的视角解读土木工程的综合性、社会性和实践性，旨在让读者全面地了解土木工程所涉及领域的内容、方法、成就和发展状况，进而成为广大读者了解土木工程的窗口，也希望本书能为推动土木工程行业和学科的发展发挥积极作用。

全书以“带你走进土木工程”为主线，包括五部分，第一部分为土木工程的前世今生，第二部分为人类社会与土木工程，第三部分为象牙塔里面的土木工程，第四部分为土木工程之人才需求，第五部分为土木工程的未来发展。结构编排突出学科发展的历史脉络，列举了土木工程各领域中的重大发展成就，让读者切身体会到土木工程是伴随着人类社会的发展而逐渐壮大起来的；同时，在最后一部分对学科的未来发展进行了展望，以引导广大读者更好地面对新世纪的挑战，增强努力创新、实现超越的决心和勇气，推进学科不断向前发展。

本书由李宏男任主编，杨东辉任副主编，付兴、林世镔、李超、曲春绪参与了编写。

在编写本书的过程中，编者参阅了大量资料，由于篇幅所限，未将其来源一一列出，在此谨向相关作者表示诚挚的谢意。

本书涉及多个学科和众多应用领域，需要先“深入”才能做到“浅出”，因此编写难度相当大。尽管编写团队花费了大量心血，尽了最大努力，力求保证本书的质量，满足读者的需求，但限于编者的水平，书中难免存在不足之处，衷心希望广大读者和专家学者提出宝贵意见。

编　者

2021 年 9 月

目　录

土木工程的前世今生

合抱之木，生于毫末，九层之台，起于累土

——老子

▶▶土木工程的内涵和特点

➡➡什么是土木工程?

中国国务院学位委员会在《学位授予和人才培养一级学科简介》中把土木工程定义为：土木工程是建造各类工程设施的科学技术的统称。它既指工程建设的对象，即建造在地下、地上、水中等的各类工程设施，也指其所应用的材料、设备和所进行的勘测、设计、施工、管理、监测、维护等技术。可见土木工程的内容非常广泛，它和广

大人民群众的日常生活密切相关,在国民经济中起着非常重要的作用。

土木工程的英语名称为 Civil Engineering,意为“民用工程”。它的原意是与“军事工程”(Military Engineering)相对应的。在英语中,历史上土木工程、机械工程、电气工程、化工工程都属于 Civil Engineering,因为它们都具有民用性质。后来,随着工程技术的发展,机械、电气、化工逐渐形成独立的学科,Civil Engineering 就成为土木工程的专用名词。

随着科学技术以及工程实践的不断发展,土木工程这门学科也已经发展成为内涵广泛、门类众多、结构复杂的综合体系。同时发展出许多分支,如建筑工程、铁路工程、道路工程、桥梁工程、特种结构工程、给水和排水工程、港口工程、水利工程、环境工程等学科。从广义角度来讲,土木工程、建筑、土木建筑可以认为是同义词。土木工程虽然是古老的学科,但其领域随各种学科的发展而不断扩展,知识面更为宽广,学科间的相互渗透和相互促进日益增强。因此,土木工程知识需要不断更新。

土木工程的内涵现已推广到在其他星球所建设的工程设施及相关技术。土木工程既是一个专业覆盖面极宽的一级学科,又是一个行业涉及面极广的基础产业和支柱产业。土木工程对国民经济具有举足轻重的作用，改革开放以来，它对国民经济的贡献率达到甚至超过三分之一。

➡➡土木工程的特点

土木工程的最终任务是设计和建造各种供人类生产和生活的建筑物或构筑物，我们通常称之为建筑产品。它与其他工业所生产的产品相比较，具有持久的技术经济特点，这主要体现在产品本身、建设过程和管理上。

建筑产品除了有其各自不同的性质、用途、功能、设计、类型、使用要求外，还具有固定性、多样性、形体庞大、所涉及的工程技术复杂等诸多共同特点。

土木工程建设具有建设周期长，所需人力、物力资源多，受环境和自然条件的影响大以及生产的流动性大和复杂度高等特点。称得上基础设施的项目基本上都有巨大的投入且周期长达几年甚至十几年，即服役周期长。

土木工程中的建筑管理具有创造性、系统综合性、一次性等特点。

▶▶土木工程发展历史进程

土木工程是一门古老的学科，它的发展经历了漫长

的过程，与社会、经济、科学和技术的发展密切相关，其内涵也在不断地充实丰富。就其实质而言，主要围绕材料更新、施工技术发展、设计理论进步三个方面的演变而发展。这里根据这三个方面的演变，将土木工程的发展概括为古代、近代和现代三个时期。

➡➡古代土木工程

随着人类文明的进步和生产经验的积累，古代土木工程的发展具体可以分为国内发展和国外发展两个部分。

✣✣国内古代土木工程

大致在新石器时代，原始人为避风雨、防兽害，利用天然的掩蔽物，例如山洞和森林作为住处。当人们学会播种、收获、驯养动物以后，天然的山洞和森林已不能满足需要，于是人们使用简单的木、石、骨制工具，伐木采石，以黏土、木材和石头等，模仿天然掩蔽物建造居住场所，如图 1 所示。

初期建造的住所因地理、气候等自然条件的差异，仅有“窟穴”和“巢”两种类型。在北方气候寒冷干燥地区多为穴居，在山坡上挖造横穴，在平地则挖造袋穴。后来穴的面积逐渐扩大，深度逐渐缩小。西安半坡遗址（距今

6 000 多年前)中,有很多圆形房屋,直径为 5～6 米,室内竖有木柱,以支撑上部屋顶,四周密排一圈小木柱,既起承托屋檐结构的作用,又是维护结构的龙骨;还有的是方形房屋,其承重方式完全依靠骨架,柱子纵横排列,这是木骨架的雏形。当时的柱脚均埋在土中,木杆件之间用绑扎结合,墙壁抹草泥,屋顶铺盖茅草或抹泥。如图 2 所示。

图 1　新石器时代居住场所

图 2　西安半坡遗址

新石器时代已有了基础工程的萌芽，柱洞里填有碎陶片或鹅卵石，即柱础石的雏形。河南渑池仰韶村的仰韶遗址（公元前5000—公元前4000年）中，有一座面积约为200平方米的房屋，墙下挖有基槽，槽内填卵石，这是墙基的雏形。如图3所示。

图3 仰韶遗址

在地势低洼的河流、湖泊附近，则从构木为巢发展为用树枝、树干搭成架空窝棚或地窝棚，以后又发展为栽桩架屋的干栏式建筑。浙江吴兴钱山漾遗址就是在密桩上架木梁，上铺悬空的地板。

随着生产力的发展，农业、手工业开始分工。大约自公元前 3000 年起，在材料方面，开始出现经过烧制加工的瓦和砖；在构造方面，形成木构架、石梁柱、拱券等结构体系；在工程内容方面，有宫室、陵墓、庙堂，还有许多较大型的道路、桥梁、水利等工程。在工具方面，中国在商代（公元前 1600—公元前 1046 年）开始使用青铜制的斧、凿、钻、锯、刀、铲等工具。后来铁制工具逐步推广，并有简单的施工机械，也有了经验总结及形象描述的土木工程著作。公元前 5 世纪成书的《考工记》记述了木工、金工等工艺，以及城市、宫殿、房屋建筑规范，对后世的宫殿、城池及祭祀建筑的布局有很大影响。

中国的房屋建筑主要使用木构架结构。在商朝首都宫室遗址中，残存有一定间距和直线行列的柱础石，柱础石上有铜，柱础石旁有木柱的烬余，说明当时已有相当大的木构架建筑。西周的青铜器上也铸有柱上置栌斗的木构架形象，说明当时在梁柱结合处已使用“斗”做过渡层，柱间联系构件“额枋”也已形成。这时的木构架已开始有中国传统使用的柱、额、梁、枋、斗等。

我国古代，土木工程传世之作不胜枚举，但大多以木结构加砖石砌筑而成，例如唐代的天津蓟县的独特寺观音阁，如图 4(a)所示。这座建筑的特色是中空，四周设两

层围廊，空间构思独特。台基为石建，低矮且前附月台。观音阁经历了多次大地震和多年战乱，历经千年仍完整耸立，足见我国古代木结构的高超技术。其他木结构还有：北京天坛，如图4(b)所示；故宫，如图4(c)所示；山西应县木塔，如图4(d)所示；等等。

(a)观音阁

(b)北京天坛

(c)故宫

(d)山西应县木塔

图4　木结构建筑

中国古代的砖石结构也有伟大成就。公元前3世纪建成的四川灌县的都江堰水利工程，如图 5 所示。都江堰水利工程由蜀郡守李冰及其儿子修建，以无坝引水为特征，兼有灌溉、防洪、水运和供水等功能，使成都平原成为“沃野千里”的天府之国。这一水利工程，至今仍发挥着重要作用，造福四川人民。中国古代开凿修建的京杭运河，全长为 1 801 千米，至今该运河的江苏、浙江段仍是重要的水运通道。

图 5　都江堰

由于铁制工具的普遍使用提高了工效，工程材料中逐渐增添复合材料。随着社会的发展，道路、桥梁、水利、排水等工程日益增加，大规模营建了宫殿，因而专业分工

日益细致，技术日益精湛，从设计到施工已有一套成熟的经验：运用标准化的配件方法加速了设计进度，多数构件都可以按“材”“斗口”“柱径”的模数进行加工；用预制构件进行现场安装，可以缩短工期；统一筹划，提高效益，如中国北宋的汴京宫殿（图 6），施工时先挖河引水，为施工运料和供水提供方便，竣工时再用渣土填河；改进当时的吊装方法，用木材制成的“戥”和绞磨等起重工具，可以吊起 300 多吨的巨材。

图 6　汴京宫殿

✣✣国外古代土木工程

在尼罗河流域的古埃及，新石器时代的住宅用木材或卵石做成墙基，上面为木构架，以芦苇束编墙或用土坯砌墙，用密排圆木或芦苇束做屋顶。

公元前 4 世纪，古罗马就已采用拱券技术砌筑下水道、隧道、渡槽等土木工程，在建筑工程方面继承和发展了古希腊的传统柱式。公元前 2 世纪，用石灰和火山灰的混合物做胶凝材料（后称罗马水泥）制成的天然混凝土被广泛应用，有力地推动了古罗马的拱券结构的大发展。拱券结构与天然混凝土并用，其跨距和覆盖空间比梁柱结构要大得多，如万神庙（120—124 年）的圆形正殿屋顶，直径为 43.43 米，是古代最大的圆顶庙，如图 7(a)所示。公元前 1 世纪，在拱券技术基础上又发展了十字拱和穹顶。卡拉卡拉浴室（211—217 年）采用十字拱和拱券平衡体系，如图 7(b)所示。2 世纪时，在陵墓、城墙、下水道、桥梁等工程上大量使用发券。古罗马的公共建筑类型多，结构设计、施工水平高，样式丰富，初步建立了土木建筑科学理论，如维特鲁威（公元前 1 世纪）所著的《建筑十书》（公元前 27 年）奠定了欧洲土木建筑科学的体系，系统地总结了古希腊、古罗马的建筑实践经验。古罗马的技术成就对欧洲土木建筑的发展有深远影响。

(a)万神庙

(b)卡拉卡拉浴室

图7　古罗马建筑

进入中世纪以后，拜占庭建筑继承古希腊、古罗马的土木建筑技术并吸收了波斯等国家的文化成就，形成了独特的体系，解决了在方形平面上使用穹顶的结构和建筑形式问题，把穹顶支承在独立的柱上，获得了开敞的内部空间，如圣索菲亚大教堂(532—537年)。8世纪在伊比利亚半岛上的阿拉伯建筑，运用马蹄形、火焰式、尖拱等拱券结构。西班牙科尔多瓦大清真寺(785—987 年)，就是用两层叠起的马蹄形拱券结构建造的，如图 8 所示。

图 8　西班牙科尔多瓦大清真寺

中世纪西欧各国的建筑中，意大利仍继承古罗马的风格，以比萨大教堂建筑群为代表；其他各国则以法国为中心，发展了哥特式教堂建筑的新结构体系。哥特式建筑采用骨架券为拱顶的承重构件，飞券扶壁抵挡拱脚的侧推力，并使用二圆心尖券和尖拱。巴黎圣母院(1163—1250 年)的圣母教堂是早期哥特式教堂建筑的代表，如图 9 所示。

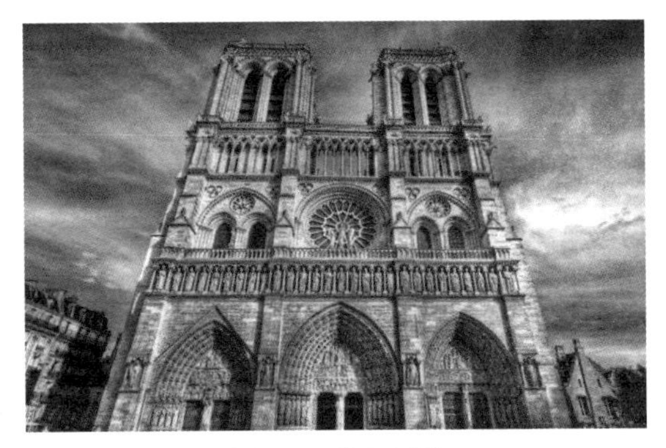

图 9　巴黎圣母院

15—16 世纪，标志着意大利文艺复兴建筑开始的佛罗伦萨教堂穹顶（1420—1434 年），是当时世界上最大的穹顶，在结构和施工技术上均达到了很高的水平。集中了 16 世纪意大利建筑、结构和施工最高成就的，则是罗马圣彼得大教堂（1506—1626 年）。

公元前 26 世纪，西方留下来的宏伟建筑大多是以砖石结构为主的。如古埃及的金字塔，如图 10(a)所示，它是古埃及文明具有影响力和持久力的象征。公元前 5 世纪建成的帕提侬神庙，如图 10(b)所示。以帕提侬神庙为主体的雅典卫城是最杰出的古希腊建筑之一，在当时代表了全希腊建筑艺术的最高水平。古罗马的斗兽场呈椭圆形，长轴为 188 米，短轴为 156 米，可容纳 5 万～7 万名观众。在城市建设方面，早在公元前 2000 年前后，印度建摩亨佐·达罗城，城市布局有条理，方格道路网主次分明，阴沟排水系统完备。

(a)金字塔

(b)帕提侬神庙

图 10　西方砖石结构建筑

➡➡近代土木工程

从 17 世纪中叶到 20 世纪中叶的 300 年间，是土木工

程发展史中迅猛前进的阶段。这个时期土木工程的主要特征是:在材料方面,从由木材、石料、砖瓦为主,到开始并日益广泛地使用铸铁、钢材、混凝土、钢筋混凝土,直至早期的预应力混凝土;在理论方面,理论力学、材料力学、结构力学等学科逐步形成,设计理论的发展保证了工程结构的安全和人力、物力的节约;在施工方面,由于不断出现新的工艺和新的机械,因此施工技术不断进步,建造规模不断扩大,建造速度也不断加快。在这种情况下,土木工程逐渐发展到包括房屋、道路、桥梁、铁路、隧道、港口、市政、卫生等工程建筑和工程设施,不仅能够在地面,而且有些工程还能在地下或水域内修建。土木工程在近代的发展可分为奠基时期、进步时期和成熟时期三个阶段。

❖❖奠基时期

17 世纪中叶到 18 世纪下半叶是近代科学的奠基时期,也是近代土木工程的奠基时期。伽利略、牛顿等人所阐述的力学原理是近代土木工程发展的起点。意大利学者伽利略在 1638 年首次用公式表达了梁的设计理论。1687 年牛顿总结的力学三大运动定律是自然科学发展史的一个里程碑,直到现在还是土木工程设计理论的基础。瑞士数学家 L.欧拉在 1744 年建立了柱的压屈公式,算出了柱的临界压曲荷载。这些近代科学奠基人突破了以现象描述、经验总结为主的古代科学的框架，创造出比较严密的逻辑理论体系，加之对工程实践有指导意义的复形理论、振动理论、弹性稳定理论等在18世纪相继产生，促使了土木工程向深度和广度发展。尽管同土木工程有关的基础理论已经出现，但从建筑物的材料和工艺来看，这一时期仍属于古代的范畴，如中国的雍和宫，如图11(a)所示；印度的泰姬陵，如图11(b)所示。

(a)雍和宫

(b)泰姬陵

图11　奠基时期代表建筑

❖❖进步时期

18世纪下半叶，J.瓦特对蒸汽机做了一系列重大改进，蒸汽机逐步应用于抽水、打桩、挖土、轧石、压路、起重等作业。蒸汽机的使用推动了产业革命的发生。规模宏大的产业革命，为土木工程提供了多种性能优良的建筑材料及施工机具，也对土木工程提出了新的需求，从而促使土木工程以空前的速度向前迈进。

在这一时期，土木工程的新材料、新设备接连问世，新型建筑物纷纷出现。1824年英国人J.阿斯普丁研制出一种新型水硬性胶结材料。1856年亨利·贝塞麦发明转炉炼钢法后，钢材越来越多地应用于土木工程。1851年英国伦敦建成水晶宫，如图12(a)所示，采用铸铁梁柱，玻璃覆盖建造而成。1867年法国人J.莫尼埃用铁丝加固混凝土制成了花盆，并把这种方法推广到工程中，建造了一座贮水池，这是钢筋混凝土应用的开端。1875年，他主持建造成第一座长16米的钢筋混凝土桥。1886年，美国芝加哥建成家庭保险公司大厦，如图12(b)所示，这被认为是现代高层建筑的开端。土木工程的施工方法在这个时期开始了机械化和电气化的进程。19世纪60年代内燃机问世和70年代电动机出现后，很快就创造出各种各样的起重运输、材料加工、现场施工用的专用机械和配套机械，使一些难度较大的工程得以加速完工。

(a)水晶宫

(b)芝加哥家庭保险公司大厦

图 12　进步时期代表建筑

❖❖成熟时期

第一次世界大战以后，近代土木工程发展到成熟时期。这个时期的一个标志是大规模地建设道路、桥梁、房屋。但也伴随着因自然灾害而产生的严重损失，这些自然灾害推动了结构动力学和工程抗害技术的发展。另外，超静定结构计算方法不断得到完善，在弹性理论成熟

的同时，塑性理论、极限平衡理论也得到发展。近代土木工程发展到成熟时期的另一个标志是预应力混凝土的广泛应用。1930 年，法国工程师把高强钢丝应用于预应力混凝土，弗雷西内于 1939 年、比利时工程师 G.马涅尔于 1940 年改进了张拉和锚固方法，于是预应力混凝土便广泛地进入工程领域，把土木工程技术推向现代化。1931 年，美国建成了高 378 米、共 102 层的纽约帝国大厦，如图 13(a)所示。1932 年，德国建成了从科隆至波恩的全部立体交叉式四车道公路，长达 3 860 千米，是世界上第一条高速公路。1937 年，美国建成了金门大桥，如图 13(b)所示，其主跨度达 1 280 米，是世界上第一座跨度超过 1 000 米的大桥。

(a)纽约帝国大厦

图 13　成熟时期代表建筑

(b)金门大桥

续图 13　成熟时期代表建筑

➡➡现代土木工程

在改革开放之前，中国的国民经济发展相对缓慢，人民的温饱问题是首要问题，建筑的发展相对落后，主要以规模小、装饰性不强为特点。城市建设的速度相对也较慢一点。

改革开放后，随着经济全球化的发展，中国的建筑也出现了新的发展。资金较充足的人纷纷建起规模大、装饰性强的住宅。加上中西方文化的交流融合，更多的西方建筑风格在中国出现了，这些变化在某种程度上丰富了我国土木工程建筑的多样性。

21 世纪以后，随着科学技术的发展，各种设计软件的

出现令设计变得丰富多彩。人们可以根据自己的喜好设计房屋的内部布局，充分展现自己的个性。

城市交通拥挤已经成为世界各大城市的普遍现象，为缓解这一难题，现代城市的交通呈现出立体化的趋势。立交桥、高架桥、地下铁路等交通设施成为城市发展程度的象征。此外，交通运输还呈现出高速化的特点，高速公路大规模修建，电气化铁路得到快速发展，跨海大桥和海底隧道等工程也在快速发展。

现代土木工程在材料、施工和理论上体现了新的发展趋势。土木工程钢材向低合金、高强度方向发展，铝合金、建筑塑料、玻璃钢、纤维材料等一批轻质高强度材料得到迅速发展；施工过程趋向工业装配化。此外，各种先进的施工设备和手段，如大型吊装设备、混凝土自动搅拌输送设备、现场预制模板、土石方工程中的定向爆破也得到很大发展；设计理论更加精细化、科学化，理论分析由线性分析发展到非线性分析，由平面分析发展到空间分析，由单个分析发展到系统的综合整体分析，由静态分析发展到动态分析，由经验定值分析发展到随机分析乃至随机过程分析，由数值分析发展到模拟实验分析，由人工手算、人工做方案比较、人工制图发展到计算机辅助设计、计算机优化设计、计算机制图，土木工程各种理论如可靠度理论、土力学和岩体力学理论、结构抗震理论、动态规划理论、网络理论等也得到迅速发展。

▶▶土木工程的技术发展现状

改革开放以来，中国经济进入了前所未有的高速增长阶段。人民生活水平的显著提高，使得人民对现代化高品质土木工程产品的需求也在显著提高。伴随着城市化进程初步完成，在寸土寸金的城市容纳更多的人并让更多的人能够在有限土地上更便捷地生活成了每位土木工程从业者的工作重点。现代土木工程的发展方向越来越趋向于多维度发展，典型的成功产品就是高层建筑的出现，而且其结构样式及布置形式也日趋多样化及复杂化，使得在有限面积内能容纳更多的人居住。在轨道交通方面，为了加大土地的使用率，降低城市交通拥堵，地铁、高架桥等新型交通形式的出现也体现出土木工程科研技术人员对空间维度的合理利用。同时桥梁建设正在一步步实现大跨度、轻质、灵敏的国际桥梁新发展目标。

✣✣新型材料

工程材料是土木工程发展进步的重要砝码，每一次的材料变革都有可能引发整个行业的跨越式发展。20 世纪 80 年代以前，我国的土木工程主要围绕木材、钢筋及

水泥等材料进行研发。而在20世纪80年代之后，我国居民更注重生活品质的改善，石材、高分子材料、陶瓷产品、合金材料、钢化玻璃等各类建筑材料极大地扩展了当前建筑设计及选材的范围。而材料的研发涉及了更为广泛的专业范围，如冶金业、化学工业等，其领域的理论也得到了进一步发展。现如今，我国每年消耗的各类建筑材料，远远超过国际平均水平。

✣✣结构设计

土木工程设计是土木工程发展中非常重要的一个环节，随着土木工程的不断发展，人们对土木工程设计也提出了更高的要求。土木工程设计已不再停留在仅凭经验的时代，而是更趋向于全面地考虑土木工程的环境、经济以及安全等因素，其中在结构设计方面呈现出更长、更高、更柔的发展趋势。

软件技术主要泛指由计算机技术所衍生的，对建筑工程具体实现过程起到实际应用作用的技术。当前最为普遍的建筑信息模型(Building Information Modeling, BIM)技术的开发和使用，为设计方法带来了重大变革。BIM的本质是实现建筑行业的各个专业之间的信息充分互用，提高建筑信息的复用率，从而达到降低建筑成本、提高生产效率的目的。

硬件技术主要是指建筑辅助机械及相关设备的研究。现如今，我国在大型机械设备制造领域已经逐步向国际领先地位进军，并在个别专业上实现了技术引领。在未来，相关高密度、高精度的探测分析设备将向多功能化、智能化、精准化等方向发展，为我国工程建设以及行业发展提供巨大支持。

✣✣施工技术

土木工程理论和设计最终都要通过土木工程施工来体现，土木工程施工是一个不容忽视的环节。土木工程施工的发展主要体现在施工材料、设备以及施工工艺方面。在土木工程中，施工材料在不断更新，越来越多的新型材料被广泛地应用，这些材料给我国大型土木工程的实施提供了重要的保障；伴随土木工程规模的不断扩大，施工机械、设备、工具等都在向着自动化、大型化和多品种的方向发展，整个施工过程也变得越来越机械化和自动化，并且组织管理也开始应用系统工程的理论和方法，整个过程日益走向科学化，多种现场机械化施工方法也发展迅猛。此外，钢制大型模板、大型吊装设备与混凝土自动化搅拌楼、混凝土自动化搅拌输送车和泵送混凝土技术等相结合，形成了一套现场机械化施工方法。

在未来，三维（3-Dimension，3D）打印技术将成为建筑行业实现建筑效率增长和成本控制的又一途径。目前

在一些国家，3D 打印技术已经能为简单设计的建筑工程提供帮助。由此发展，我们可以想象未来在实现工程建设的过程中，效率将会得到极大的提升。

✣✣管理技术

随着科学技术和经济社会的日益发展，各类大型桥梁、水工建筑物、地下建(构)筑物、高层建筑物等将越来越多，各类建筑物的安全运营就显得十分重要。近年来随着传感器技术、信息采集技术以及测试分析技术的迅猛发展，基于各种监测技术的实时、连续性的结构健康监测系统，诸如在桥梁、高层建筑、水利等工程领域都得到了广泛的应用，对一些大型结构物进行健康监测与安全评估，及时发现安全隐患，建立安全预警系统已经成了国内外学术界以及工程界都十分关注的热点问题。就长远来看，这些热点和潜在的热点，都将承载未来工程应用的发展趋势。

在国内外，结构健康监测系统已有较多的应用，除应用于大跨桥外，甚至已经开始应用到高层复杂建筑中。例如国内的虎门大桥，由于其位于热带风暴多发地区，所以对桥梁的安全问题需要特别考虑及重视。因其特殊性，建造者特意为它开发了结构健康监测系统，该系统主要包括虎门大桥三维位移 GPS 实时动态监测系统和虎门大桥应变监测数据处理系统。

人类社会与土木工程

一桥飞架南北，天堑变通途

——毛泽东

▶▶土木工程关乎国计民生

土木工程关乎国计民生，与人们的生活息息相关。人类生活的基本内容“衣、食、住、行”中的“住”和“行”都离不开土木工程基本建设，其中以岩土工程、结构工程和桥梁与隧道工程三个土木工程专业的二级学科最具代表性。土木工程在推动社会发展、国民经济建设、维护国家安全三个方面发挥着重要作用。

➡➡土木工程与社会发展

社会的发展与土木工程是密不可分的。随着社会的

发展，人们对于生活水平的要求也越来越高。土木工程对于人们的生活和国家的建设都有着深刻的影响，可谓是人类社会发展的奠基石。

上古时期，人们为了躲避风雨和野兽的袭击，对树枝、泥土、石块等易获得的天然材料进行简单的加工，建起了树枝棚、石屋等原始建筑。到后来人们掌握了烧砖、冶炼等技术，有了较复杂的自然以及数学、几何知识后，便有能力建造起更先进、更复杂或者更美观的建筑或建筑群体。在结构工程方面，我国比较著名的建筑有大雁塔、黄鹤楼(图 14)等；在岩土工程方面有秦始皇陵等；在桥梁与隧道工程方面有赵州桥、泸定桥等。随着社会的进一步发展，土木工程也经历了硅酸盐水泥的发明以及钢筋混凝土开始应用两个重大事件，近代建筑中高耸、大跨、巨型、复杂的工程结构开始出现。

图 14　黄鹤楼

进入现代，全球化不断深化发展，人口不断增多。随着技术的进一步发展，各种高层、超高层的民用建筑、工业建筑应运而生，桥梁、铁路也将越来越多的城市联系在了一起，地下的空间也得到了更充分的利用。人类建造的建筑物最高已达到 828 米（哈利法塔）；世界上主跨跨度最大的桥梁为日本的明石海峡大桥（主跨 1 991 米）；地下的工程也变得越来越复杂，功能也越来越多，比如地铁站、人防地下室、地下车库等。

➡➡土木工程与经济建设

近年来，我国土木工程发展迅速，已经逐渐成为国民经济建设中的支柱产业，对我国经济发展起到了重要的促进作用，是国民经济中不可缺少的组成部分。土木工程在国民经济建设中的支柱地位主要体现在以下几个方面。

增加就业机会

随着城市化的进程不断推进和发展，不论是城市还是乡村，都出现了越来越多的大规模土木工程建设项目。与此同时，这些工程项目提供了许多新的就业机会，为劳动力就业提供了更多的工作岗位，对经济发展起了积极的推动作用。在 2015 年 6 月 30 日的国家发展和改革委

员会举行的例行新闻发布会中，相关负责人表示，1 千米地铁工程大概能提供 60 个就业岗位，一个城市建成一条地铁线，很快就能形成一个 2 000 人左右的大型企业。

❖❖拉动经济投资

在土木工程建设中，各个领域的投资带动了各行各业的发展，加快了金融市场的运转，形成了社会经济发展的主动力。当前我国土木工程建设所需的投资较大，其建设完成之后往往能够获得较大的利润，这就为许多投资商提供了投资平台。随着土木工程建设项目的增多，金融投资领域也越来越活跃，这对扩大内需、促进国民经济发展有十分重要的意义。

❖❖带动相关产业的发展

以土木工程为核心的产业，能够促进建材业、施工机械制造业、金融业、房地产业等相关产业的发展，具有很强的辐射带动作用，为相关领域提供更好的发展机会，共同为国民经济建设服务。如上海的东方明珠、广州的广州塔(图 15)，它们不仅是电视塔，同时也是地标性建筑，拉动了地方旅游业的发展，并提供了许多就业岗位。

❖❖促进社会环境的发展

土木工程是一项涉及地质勘查、工程测量、工程机械、施工技术、工程力学、流体力学等多方面知识的综合型学科，它的发展更加注重与社会环境的适应性，包括环境保护、生态发展、景观塑造等角度，为经济的可持续发展提供了侧面支撑。我国近年来陆续建造了四座核电站，在节约了大量煤炭的同时，也极大地减少了二氧化碳、二氧化硫等气体的排放。土木工程在其中的作用是通过设计和计算尽量避免发生像切尔诺贝利核事故、福岛核事故这类事件，减轻可能产生的不良后果。

图 15　广州塔

推动科技进步

土木工程的发展带动了科学技术的发展，科学技术又不断转化为生产力，促进经济的发展。现代土木工程的发展是一个不断进步的过程，工程实践经验常先行于

理论,需求的增长刺激了技术的进步。近年来,以人工智能、大数据为代表的新技术不断在土木工程结构健康监测领域得到应用,给传统的土木工程带来了新的机遇。反过来,土木工程对新技术的迫切需求,也推动了相关技术领域的快速发展。

➡➡土木工程与国家安全

土木工程与国家安全之间也有着千丝万缕的关系。在古代,统治者为保护自己的国家、人民安全所建造的城墙、要塞等,就是结构工程应用于国家安全的典型案例,其中非常著名的例子就是我国的万里长城(图 16)。再到后来,两次世界大战中的各种防御工事,如堡垒、战壕等的修建,都少不了结构工程的身影。

图 16　万里长城

而在岩土工程方面,与国家安全有关的主要是人防工程。早期的人防工程主要采用防空洞的形式,在 20 世纪60年代末到70年代初，我国城镇曾掀起了“深挖洞”的群众运动。各单位、街道居民在房子底下挖洞，而后相互连通，形成了四通八达的地道网。如今，考虑到战时防空需要，又考虑到平时经济建设、城市建设和人民生活的需要，人防工程一般具有平战双重功能。我国人防工程建成投入使用后，取得了显著的战备效益、社会效益和经济效益。许多大中型人防工程成为城市的重点工程，如哈尔滨金街地下商业街、沈阳北新客站地下城、上海人民广场地下停车场、郑州火车站广场地下商场等。

国防安全建设也少不了桥梁与隧道工程的参与。兵力的紧急投送离不开铁路、公路的支持。空军的机场、海军的港口的建设，也需要工程师具备足够的土木工程知识。

土木工程已经融入关系国计民生的各个领域，在人们的日常生活中发挥着不可替代的作用。接下来就让我们揭开土木工程的神秘面纱，一起探索岩土工程地下世界的神秘，领略结构工程高堂广厦的巍峨，感受桥隧工程交通动脉的壮丽。

▶▶岩土工程之地下世界

岩土工程应用广泛，其研究内容涉及边坡与基坑工程、地基与基础工程、城市地下空间与地下工程等多个方面。从居住、墓葬、宗教、仓储、生产、防灾、市政管道到商业、交通，无不与人类的生活、生产等活动密切相关。

在上古时期，人类依靠穴居以躲避洪水猛兽和风霜雨雪侵袭。其间，人类的种种活动无不包含或有赖于岩土工程。旧石器时代，人类开始在岩土中修筑住居、墓葬等地下建筑结构。进入距今约 6 000 年的新石器时代，人类开始脱离天然岩穴，掘土穴居，形成相对稳定的地下、半地下居住点。古希腊人和古罗马人使用渡槽来排放和输送城市用水。如图 17 所示为建于公元前 36 年的 Pausilippo 排水隧道。

图 17　Pausilippo 排水隧道

人类经过聚居时代、部落时代等而建立了城市，地下结构与高层建筑渐渐为人类生活出行、生产活动等所必需。进入 21 世纪，城市人口膨胀、生存空间拥挤、交通阻塞、环境恶化等问题开始凸显，地下空间与高层建筑的发展是缓解这一系列问题的重要方式，通过竖向利用土地资源来治疗“城市病”，已成为城市发展的重要布局与成功模式。

➡➡基坑工程

现代城市经历了18世纪中期欧洲工业革命和第二次世界大战后工业化的催化，城市发展进程显著加快。城市人口剧增，规模日益扩大，城市功能复杂化、综合化、分区化。城市环境空间组织也随之发生变化，出现了地面建筑高层化、城市地下化趋势。随着高层建筑的出现与地下结构的发展，基坑工程作为保障地面向下开挖形成的地下空间在地下结构施工期间的安全稳定的重要设施，其数量急剧增加。大规模的地下室、地下商场和市政工程，如地下综合管廊、城市地铁、地下排水系统等的施工都面临深基坑工程，这些深基坑不断刷新着基坑工程的规模、难度和深度纪录。

我国基坑工程的发展是从20世纪90年代开始的。改革开放以前，我国基础埋深较浅，基坑开挖深度一般在5米以内，一般建筑基坑采用放坡开挖。20世纪70年代末，国内只有少数大型项目中有开挖深度达到10米及以

上的基坑工程，而且是在没有相邻建筑和地下结构物的地区。20 世纪 90 年代，我国的城市建筑大量出现，以城市地铁为代表的地下工程开始大规模建设，基坑开挖最大深度逐渐接近 20 米；20 世纪 90 年代末期，基坑开挖最大深度迅速增大至 30～40 米。天津站交通枢纽工程的开挖深度为 25.0～33.5 米，上海中心大厦主楼的基坑开挖深度为 31.3 米。这些大型基坑的建成，标志着我国基坑工程技术达到了很高的水平。

基坑工程在施工过程中极易发生安全事故，如支护体系倒塌（图 18）、地下水渗漏（图 19）、基坑塌方（图 20）等，这些事故会造成严重的人员伤亡与经济损失。基坑支护的设计与施工能保证整个支护结构在施工过程中的安全。地下水控制与基坑工程的安全以及周边环境的保护都密切相关。如基坑开挖深度大于地下水高度，开挖至地下水标高后，基坑底部土体会因含水量过大而成泥状，基坑周边的土体会因含水量过大而造成稳定性大大降低；同时，开挖处基坑底部受到的压力减小会造成压力不均衡，基坑中心会隆起，同时基坑周边侧壁土体会下沉，造成基坑塌方。严格控制地下水，使开挖深度范围内无地下水是保证施工安全的重要措施，更是保证基坑工程作为临时结构安全使用的重要前提。

图 18　支护体系倒塌

图 19　地下水渗漏

图 20　基坑塌方

基坑工程不断朝“深、大、紧、近”等方向发展，加之“环保、绿色、智能”等发展新要求，当前基坑工程技术仍难以满足实际需求，迫切需要进一步创新和发展，比如支护结构与主体结构相结合的技术、绿色可回收装配式支护技术、地下水回灌技术、微扰动施工与环境保护技术以

及智能化监测预警技术等，这些都需要人们以更加安全、经济、适用和环保等方式来实现。

➡➡地基与基础工程

任何建筑物都建造在一定的地层上，通常把承受上部结构荷载影响的地层称为地基。地基不属于建筑的组成部分，但它对保证建筑物的坚固耐用具有非常重要的作用。从现场施工的角度来讲，地基可分为天然地基和人工地基。天然地基是无须处理而直接利用的地基，人工地基是经过人工处理而达到设计要求的地基。

基础是将建筑物承受的各种荷载传递到地基上的实体结构。基础工程作为一项古老的工程技术，其源头可以追溯到公元前 4800 年河姆渡文化中打入沼泽地的木桩。古代的工匠们采用了巧夺天工的思路建造了建筑物的基础，例如秦代在修筑驰道时采用的“隐以金椎”路基压实方法。又如在宋代，蔡襄在水深流急的洛阳江建造的泉州万安桥，采用殖砺固基，形成宽 25 米、长 1 米的类似筏板基础。此外，我国举世闻名的万里长城、隋唐大运河、赵州桥等工程，都因奠基牢固，虽经历了无数次强震强风均安然无恙。两千多年来在世界各地建造的宫殿楼宇、寺院教堂、高塔亭台、古道石桥、码头、堤岸等工程，无论是至今完好，还是不复存在，都凝聚着古时建造者的智慧。

地基与基础工程是建筑物的根本，又位于地面以下，属于地下隐蔽工程。它的勘察、设计和施工质量将直接影响建筑物的安全、经济和正常使用。常见的地基危害包括地基失稳、地基变形、土坡滑动、地基渗流等，这些危害极易造成工程质量事故，轻则影响建筑物的美观，造成房屋使用者心理上的不安，重则造成建筑物渗水和灌风，影响建筑物的正常使用，更严重的会引起墙倒屋塌，出现伤人事故和财产损失。如图 21 所示为加拿大特朗斯康谷仓由于地基失稳发生严重下沉，1 小时竖向沉降达 30.5 厘米；图 22 所示为中国香港宝城大厦由于土坡滑动而倒塌；图 23 所示为著名的意大利比萨斜塔由于地基变形而倾斜。这些实例表明，地基与基础一旦发生事故，就很难补救，有时必须爆破重建。因此在建筑物修建过程中，必须合理设计地下基础，严格限制土体侧向位移，严防地下水渗漏，从而提高土体及相关建筑物的稳定性。

在未来，地基与基础工程数据采集和资料整理的自动化、试验设备和试验方法的标准化、高层建筑深基础设计与施工、软弱地基处理技术、既有房屋增层和基础加固等将成为基础工程发展的重要方向。在施工技术方面，随着新材料的研发、自动化及智能化施工机械的深入应用、数字化建造及绿色化施工理念的深入融合，地基与基础工程施工技术将逐渐摆脱传统粗放式发展模式，向精细化、数字化、智能化及绿色化可持续方向发展，通过不断的技术融合与创新发展，为新形势下的地基与基础工程建设领域注入新的发展活力。

图 21　加拿大特朗斯康谷仓倒塌

图 22　中国香港宝城大厦倒塌

图 23　意大利比萨斜塔

➡➡地下工程

地下结构是指在保留上部地层(山体或土体)的前提下,在开挖处能够提供某种用途的地下空间修筑的结构物。

人类在原始时期就利用天然洞穴作为群居、活动场所和墓室,这是最初的古代地下建筑。埃及金字塔、古巴比伦引水隧道均是古代的工程典范。在我国,地下储粮已有 5 000 年的历史,敦煌石窟、云冈石窟、龙门石窟也是我国古代杰出的地下建筑工程。

随着城市人口的迅速膨胀,生存空间拥挤、交通阻塞、环境恶化等问题开始凸显,地下空间的发展是缓解这一系列问题的重要途径。发达国家大力发展地下化和集约化的交通和市政公用设施,诸如城市地铁、地下综合管廊、地下排水系统等。这些地下结构有效扩大了空间供给,对提高城市空间利用率、减少地面占用、保护地面景观和环境做出了重要贡献。

✣✣城市地铁

城市公共交通系统对立体化交通运输系统的发展与完善十分重要。城市地下轨道交通是城市公共交通系统中的一个重要组成部分,泛指在地下建设运行的、沿特定

轨道运动的快速大运量公共交通系统，如城市地铁等。

1825年在英国伦敦泰晤士河下，人们用一个矩形盾构建造了世界上第一条水底隧道（宽度为11.4米、高度为6.8米）。在修建过程中，工程遇到了很大的困难，两次被河水淹没，直至1835年使用了改良的盾构后，才于1843年完工。1860年，第一条地铁在伦敦帕丁顿的法灵顿街和毕晓普路之间开工，全长6千米，采用开挖回填的方法建造。1898年，巴黎开始建造一条长10千米的地铁，1900年开通，工程师对开挖回填法进行改进，因此加快了建设速度。新方法是沿着线路按间隔开挖竖井，再从竖井下两侧开凿隧洞，洞内用砖砌筑基础以支承紧贴路面的木模板。这种建造顶拱的方法对地面交通干扰较少。随着科技的进步与城市发展需要，各大城市开始大量修建地铁。20世纪60年代，城市地铁在欧洲及北美等国家和地区迅速发展。

地铁主要由地铁线路和地铁车站构成。地铁线路也称为地铁区间。地铁区间主要承担轨道交通的运输任务，是地铁列车、机车车辆运行的基础设施，是地铁安全、快速运行的前提。地铁车站是联络地上和地下空间的节点，是客流出、入口和换乘点。

地铁车站的形式有岛式车站、侧式车站，从断面类型来看，以矩形车站、椭圆形车站以及圆形车站为主，如图 24 所示。其中，岛式车站便于乘客在站台上互换不同的车次。在侧式车站，乘客一旦走错方向，换乘将极为不方便，但侧式车站一般采用大隧道或者双圆隧道来建设区间隧道，具有一定的经济性。软土地层中的浅埋车站（地下 7～15 米）一般采用矩形车站；硬土或岩石地层，或者软土地层中的深埋车站（地下 25～30 米）一般为椭圆形车站、圆形车站。

(a)岛式车站

(b)侧式车站

(c)矩形车站

(d)椭圆形车站

(e)圆形车站

图 24　地铁车站

地铁作为大城市重要的交通手段，已广泛地应用于人们的通勤、通学、商务、购物以及休闲等方面。据不完全统计，截至 2020 年，巴黎地铁的日客运量已经超过

600万人次，纽约地铁的日客运量达到400万人次，伦敦地铁的日客运量已经超过430万人次，莫斯科地铁的日客运量为900万人次。2020年，北京地铁公司所辖线路日客运量为105.59万人次。地铁的输送量占城市各种交通工具运输量的40％～60％。由此可见，地铁对缓解城市交通压力起着非常重要的作用。

城市地铁不断朝着智能化、数字化、网络化等方向发展。随着以物联网、大数据、人工智能为代表的新一轮技术革命风起云涌，城市地铁产业正在把更多资源投入“智能化”领域，与无线通信、移动互联、5G等新一代通信技术融合发展，“智慧交通”成为我国城市地铁交通发展的重要方向。将隧道裂缝智能监测、钢轨的无缝探伤、受电弓的磨损检测等数字通信技术与传统土木工程相融合，为城市地铁的施工、检修、电力以及环控的本地和远程调度服务，大幅改善了轨道交通系统的运行效率和安全性，将成为未来城市地铁的发展趋势。

❖❖地下综合管廊

地下综合管廊是指将不同用途的管线集中设置，并布置专门的检修口、吊装口、检修人员通道及监测与灾害防护系统的集约化管网隧道结构。它主要适用于给水、排水、电力、热力、燃气、通信、电视、网络等公用类市政管网，是实施市政管网统一规划、设计、建设，共同维修，集中管理所形成的一种现代化、集约化的城市基础设施，如图 25 所示。

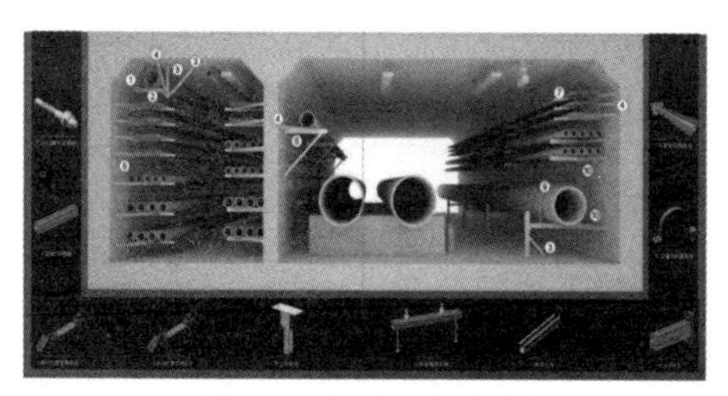

图 25　地下综合管廊

地下综合管廊已经存在近两个世纪。1833 年，巴黎为了解决地下管线的敷设问题和提高环境质量，采用明挖法兴建了世界上第一条地下综合管廊，后来在各个国家和地区得到广泛推广和应用。1933 年，苏联在莫斯科、彼得格勒等地修建了地下综合管廊。1953 年，西班牙在马德里修建了地下综合管廊。1968 年，日本政府建成的东京银座支线地下综合管廊，将电力、通信、电话电缆、上下水、城市燃气管道、交通信号灯及路灯电缆集中于地下综合管廊当中。

1958 年，中国开始修建地下综合管廊。1959 年，在北京修建了第一条地下管廊，长度约为 1.07 千米。1994 年，上海浦东新区张杨路综合管廊投入使用。截至 2005 年，

该工程共建成地下综合管廊约11千米。如图26所示为2001年为北京中关村西区修建的地下综合管廊。2019年，我国修建的冬奥会山岭地下综合管廊，除了采用传统的钻爆法，还在施工中创新应用了全断面硬岩隧道掘进机，开创了山岭隧道大坡度施工的先河。此外，西安、大连、青岛、佛山等城市也相继开始修建地下综合管廊。

图26　北京中关村西区修建的地下综合管廊

地下综合管廊将多种地下管线集中埋在一个地下隧道里，隧道断面采用圆形、矩形等结构。圆形断面隧道埋置于地层中，受力均匀；矩形断面结构抗弯性能差，但内部净空较大，可以得到充分利用。在土体压力与地下水压力的双重作用下，地下综合管廊保障了管廊内架设物能安全地发挥其功能。

地下综合管廊建设的一次性投资常常高于管线独立敷设的成本。据统计，我国台湾、上海的地下综合管廊平均造价(按人民币计算)分别是13万元/米和10万元/米，较之普通的管线独立敷设方式的确要高出很多。但综合节省出的道路地下空间大、每次的开挖成本低、对道路通行效率的影响小以及对环境的破坏小等优势，地下综合管廊的成本效益比显然更高。中国台湾曾以信义线6.5千米的地下综合管廊为例进行过测算，建地下综合管廊比不建只需多投资5亿元新台币，但75年后产生的效益却有2 337亿元新台币。由此可知，地下综合管廊系统能够极大地降低市政管道的后期投资成本。

在城市开发中，市政管线多直接埋设于地下，地下管线与地近似为刚体连接，受地底各种力的作用，管线容易因土体变形、位移而受损。而采用地下综合管廊，管线与管廊为柔性连接，基本上不受土体变形、位移的影响，而且维修、检查以及更换方便。地下综合管廊结构坚固，能抵御一定程度的冲击荷载，具有较强的防灾、抗灾性能，尤其在战争时期，保证水、电、气、通信等城市生命线的安全极为重要。

在未来，智慧管理平台、大数据挖掘、移动模架整体提升技术、叠合装配式技术、多舱组合预制技术、节点整体预制技术等快速、绿色的建造技术将在地下综合管廊建设与运营中得到广泛应用。

➡➡超级地下工程

✣✣莫斯科地铁

莫斯科地铁是世界上规模最大的地铁之一，还是世界上使用效率第二高的地下轨道系统。1935 年 5 月 15 日，出于军事方面的考虑，苏联正式开通莫斯科地铁。莫斯科地铁的主要结构为从中心向四周辐射状形式，拥有 14 条线路，其每个工作日大约能接待 900 万人次。在修建时考虑了战时的防护要求，可供 400 余万居民掩蔽之用。

莫斯科地铁线路的最大坡度为 40‰，最小曲线半径为 300 米，轨距为 1 524 毫米。早期修建的区间隧道为浅埋、明挖法施工的双线矩形断面隧道，宽度为 7.6 米，轨面以上高度为 3.9 米。后续修建的区间隧道绝大部分是深埋、盾构法施工的两个单线圆形断面隧道，内径为 5.46 米，如图 27 所示。车站深埋居多，如狄纳莫站埋深达 40 米。深埋车站隧道的断面采用单拱、三拱立柱及三拱塔柱等几种形式，并设置岛式站台。站台宽度一般为 10～14 米（浅埋车站一般为 8～10 米），站台面至吊顶的高度为 4 米，站台长度一般超过 150 米。深埋车站都装有自动扶梯，环行线上各站共有 82 部自动扶梯。站间距平均为 1.84 千米。

图 27　莫斯科地铁

地铁车厢除顶灯外，还设计了便于读书看报的局部光源，在车厢门口安装了报站名用的电子显示屏。莫斯科地铁站集实用与艺术于一体，如图 28 所示，其建筑造型各异、华丽典雅。每个车站都由该国著名建筑师设计。地铁车站除根据民族特点建造外，还以名人、历史事迹、政治事件为主题进行建造，各有其独特风格，建筑格局也各不相同，多用五颜六色的大理石、花岗岩、陶瓷和玻璃做出各种浮雕、雕刻和壁画装饰，照明灯具十分别致，好像富丽堂皇的宫殿，因此享有“地下的艺术殿堂”之美称。

图 28　莫斯科地铁站

✣✣横琴新区地下综合管廊

中国第一个获得鲁班奖的地下综合管廊——横琴新区地下综合管廊，如图 29 所示。

图 29　横琴新区地下综合管廊

横琴新区地下综合管廊自 2010 年 5 月在横琴环岛北路打下第一根桩，至 2013 年 11 月最后一段管廊主体结构浇筑完成，是在海漫滩软土区建成的国内首个成系统的地下综合管廊，总长度为 33.4 千米，投资 22 亿元，分为一舱式、两舱式和三舱式三种断面形式。沿市政主干路网呈“日”字形布置，在环岛北路、中心北路、中心南路各设控制中心 1 座，对地下综合管廊运行情况进行监控管理，系统性地服务整片新区。

该地下综合管廊集给水、电力(220 千伏电缆)、通信、冷凝水、中水和垃圾真空管六种管线于一体，同时配备有计算机网络、自控、视频监控和火灾报警四大系统，具有远程监控、智能监测(温控及有害气体监测)、自动排水、智能通风、消防等功能,并且实现了土地集约化利用,节约城市用地约 40 000 平方米,经济效益达 80 亿元,对拉动经济、改善城市面貌有着不可估量的作用。

横琴新区地下综合管廊工程是国内首个成系统的区域性地下综合管廊系统,为国内综合管廊的建设树立了标杆。横琴原始场地遍布自然河渠、鱼塘、香蕉地,局部地区分布较厚的乱石层,地质差,建设条件复杂,地下淤泥平均深度为 25 米,最深达 42 米,含水率高达 60%~80%,在全国甚至全世界都十分罕见。在如此深的淤泥上建设地下工程,无异于在"嫩豆腐"里绣花。工程师们在横琴"嫩豆腐"地质条件下创造了当时国内规模最大、一次性投入最高、建设里程最长、覆盖面积最广、体系最完善的地下综合管廊"五项之最",令全球工程界惊叹。

✣✣日本地下排水系统

日本首都圈外郭放水路是为了防止集中暴雨而采用地下盾构法建造的巨型隧道,是世界上最大和最先进的地下排水系统,如图 30 所示,享有"排水宫殿"和"地下神殿"之称。它位于日本琦玉县境内,是建于国道 16 号地下约 50 米处的一个大型泄洪隧道,全长 6.4 千米,内径约

10米，是全球大规模的防洪设施之一。

图30　日本首都圈外郭放水路

该工程于1992年开工，2006年竣工，主要由排水隧道、竖井、调压水槽等设施组成，运用日本先进土木技术建造。在竣工之前，日本首都圈外郭放水路已从2002年开始部分投入使用，每年会安全处理5～7次洪水，以保护日本东京地区免受水灾侵袭。

日本首都圈外郭放水路通过竖井连通附近的多条河流，隧道末端还接有一个高25.4米、长177米、宽78米的大型蓄水池，它全程使用计算机遥控，并在中央控制室进行即时监控。这个巨型的雨水调节器储存的水通过4台燃气轮机驱动的大型抽水机抽入江户川，再排入大海。

该蓄水池只在雨季使用，平日向民众开放参观，如图31所示。

图31　日本首都圈外郭放水路的蓄水池

▶▶结构工程之高堂广厦

结构工程的发展源远流长，历史悠久。早在上古时代，人类为了自身安全和生存的需要，就已经会利用树枝、石块等天然材料搭建屋棚、石屋。建造房屋是人类最早掌握的基本的生产实践技能之一。在漫长的历史发展进程中，人类从最初的巢穴居到发明三尺高的茅屋及修建高大宫室，再到建造现代的摩天大楼等，创造了人类所共有的物质和文化财富，集中体现了劳动人民的智慧和建造成果。从原始的遮风避雨到崇尚、表现高大雄伟的壮美之感，无不说明结构工程的进步也是随着人类生产力的不断提高和经济的发展而不断进步的。

在现代社会，结构工程的应用对象主要是工业与民用建筑。工业与民用建筑是我国建筑行业的重要组成部

分，是我国工业生产以及居民生活的重要载体，对于国家的经济发展和社会的繁荣稳定具有十分重要的意义，它包括民用住宅、超高层建筑、体育场馆等。

➡➡民用住宅

衣、食、住、行是人们生活的四大要素，人们向往宽敞、明亮、坚固、耐用的住宅。民用住宅是随着人类活动的需要和社会生产力的发展而发展起来的。根据层数和高度，民用住宅可以分为低层住宅、多层住宅和高层住宅。习惯上，1～3 层为低层住宅，10 层及 10 层以上或房屋高度大于 28 米的为高层住宅，介于低层住宅和高层住宅之间的为多层住宅。低层住宅与多层住宅常采用砖混结构和框架结构，高层住宅常采用框架结构和剪力墙结构。

砖混结构（图 32）又叫砌体结构，是指建筑物中竖向承重的墙采用砖或者砌块砌筑，构造柱以及横向承重的梁、楼板、屋面板等采用钢筋混凝土浇筑所形成的结构。也就是说，砖混结构是以小部分钢筋混凝土及大部分砖墙承重的结构，它的荷载传递路线是荷载→板→墙→基础→地基。砖混结构有很多优点，从结构性能方面来说，该结构具有良好的耐久性、耐火性和稳定性；从舒适性能方面来说，砖的隔音和保温隔热性能要优于混凝土和其他墙体材料；从施工方面来说，由于砖是最小的标准化构件，所以对施工场地和施工技术要求低，可砌成各种形状的墙体，各地都可生产，而且在建造过程中节省了大量的水泥、木材，造价较低，因而在农村住宅建设中运用得最为普遍。

图 32　砖混结构

19 世纪中叶以后，随着水泥、混凝土和钢筋混凝土的应用，砖混结构建筑迅速兴起，高强度砖和砂浆的应用，更是推动了以砖承重建筑的发展。此后的一段时期，砖混结构是我国建筑中使用最广泛和应用数量最大的一种结构形式。1949 年以后，我国砖的产量逐年增长，在住宅等民用建筑中大量采用砖混结构。但是随之而来也暴露出一系列弊端，例如，发生在 20 世纪 70 年代末的唐山大地震将砖混结构抗震性能差的缺点显现了出来。另外，从节约土地资源方面考虑，由于黏土砖是由黏土烧制而

成的，会毁坏大量耕地，所以国家正在限制并逐渐淘汰黏土砖。上述种种原因，使得在当今城市的建设中已基本不再使用砖混结构，“秦砖汉瓦”已成为过去，现在只有在一些边远农村中还能看到它的身影。随着社会的发展，砖混结构渐渐被框架结构等所取代，逐渐退出了历史的舞台。

框架结构是指由梁和柱相连接构成承重体系的结构，即由梁和柱组成框架共同抵抗使用过程中出现的水平荷载和竖向荷载。它的荷载传递路线是荷载→板→梁→柱→基础→地基。框架结构的房屋墙体不承重，仅起到围护和分隔作用，其主要优点是空间分隔灵活，自重轻，节省材料，可以较灵活地配合建筑平面布置，利于安排需要较大空间的建筑结构，且抗震性能较砖混结构要好。框架结构施工有现浇和预制装配之分，现浇式框架目前多采用组合式定型钢模，现场进行浇筑，为了加快施工进度，梁、柱模板可预先整体组装，然后进行安装；预制装配式框架多由工厂预制，用起重机进行安装。

框架这种结构形式虽然出现较早，但直到钢和钢筋混凝土出现后才得以迅速发展。与国外相比，框架结构在我国应用的时间还不长。20 世纪 60 年代，我国建筑工程钢材严重缺乏，因而多高层框架结构很少建造，而且大力提倡节约钢材，提倡以木代钢、以竹代钢。截至2020年，我国钢材产量和钢材库存均位列世界前茅，如图33所示的北京民族饭店就是典型的混凝土框架结构。

图33　北京民族饭店

剪力墙结构用钢筋混凝土墙来代替框架结构中的梁柱，承担各类荷载引起的内力，并能有效控制结构的水平力。这种用钢筋混凝土墙来承受竖向力和水平力的结构称为剪力墙结构。它的荷载传递路线是荷载→板→墙→基础→地基。设计合理的钢筋混凝土剪力墙结构的整体性好，侧向刚度大，承载能力高，塑性变形能力大，具有良好的抗震性能。剪力墙结构体系可以用大模板或爬升模板进行拼装施工。爬升模板用于高层剪力墙结构的施工，我国于20世纪70年代就已开始使用，北京、上海、广州、深圳等地都有应用，并做了不少改进，取得了良好的效果。

剪力墙结构在我国近代发展比较缓慢。在20世纪50年代初，我国开始设计建造剪力墙结构高层建筑，距离现在虽然只有70多年，但随着经济和科技水平的不断提高，剪力墙结构发展迅猛。例如，1979年开工兴建的白天鹅宾馆（图34）主楼包括地下1层、地上33层，高99米，采用的就是剪力墙结构体系。近年来，为满足使用功能需要，充分发挥框架结构布置灵活、延性好的优势以及剪力墙结构刚度大、承载力大的特点，人们将二者结合起来，形成框架-剪力墙结构，共同抵抗竖向荷载和水平力，实现了建筑多样性和个性的统一。

图34　白天鹅宾馆

➡➡超高层建筑

超高层建筑高度超过100米，根据使用功能的不同，分为超高层写字楼、超高层酒店及公寓、多种功能复合的超高层综合体等。基于建设成本、建设区域、使用感受等多方面因素，目前超高层写字楼是我国最常见的超高层建筑类型，其他类型多是根据建筑高度的增长在写字楼的基本功能上叠加复合。

超高层写字楼通常采用筒体结构，筒体结构是指由一个或多个筒体作为承重结构的高层建筑结构体系。整个筒体就如一个固定于地基上的封闭的空心悬臂梁，它不仅能够承受水平荷载，还可以抵抗很大的弯矩和扭矩，具有很大的空间刚度和抗震能力。这种结构体系的建筑布置灵活，单位面积的结构材料消耗少，是目前超高层建筑的主要结构体系之一。筒体结构最早是由美国工程师凯恩提出的，而且在美国的一些建筑中也已经应用，因为筒体结构具有独特的优势，所以在结构设计中得到了重视。我国对于筒体结构的研究始于 20 世纪 70 年代，同时也建立了一些筒体结构的建筑物。诸如，我国上海中心大厦(图 35)以及广州国际大厦，这些超高层写字楼都是采用筒体结构建造的。随着经济的繁荣发展，未来将会有更多的超高层写字楼拔地而起，筒体结构也将会得到更多的应用与发展。

图 35　上海中心大厦

➡➡体育场馆

体育场是人们在室外进行体育锻炼和比赛的场地，大型体育场为综合性运动场，一般建有一个标准田径场，在田径场内设置一个标准足球场。场地四周设有看台，与其他配套设施一起可进行多种体育项目的训练和比赛。而体育馆是在室内进行体育运动的场所：按使用性质可分为比赛馆和训练馆两类；按体育项目可分为篮球馆、冰球馆、田径馆等；按规模可分为大型、中型、小型体育馆，一般按观众席位的数量划分，把观众席位超过8 000个的称为大型体育馆，少于3 000个的称为小型体育馆，介于两者之间的称为中型体育馆。

体育场馆通常采用大跨度建筑结构。大跨度建筑结构是建筑发展史上重要的结构形式，在我国现行的行业规范中，根据使用材料的不同，其定义也有所不同：对钢筋混凝土结构，当其跨度不小于18米时，即为大跨度建筑结构；对钢结构，当其跨度不小于60米时才会被认定为大跨度建筑结构。在当前工程应用中，大跨度建筑结构与空间结构联系紧密，对跨度的定义也较为模糊。大跨度建筑结构为人们提供了广阔的室内无柱空间，满足了集体活动的需求，提供了实现建筑空间最大化的有效解决方案。现代大跨度建筑结构主要以钢结构为主，安装方法可分为高空原位安装法、提升安装法、顶升安装法以及滑移施工安装法等，施工方法的选定需要综合考虑设计、周边环境、施工难度、施工进度、施工成本等因素。

大跨度建筑结构有着悠久的发展历史，中华人民共和国成立之初，因钢材匮乏，大跨度钢结构仅在重点工程中应用。如1967年建成的首都体育馆(图36)，屋盖采用平板网架结构，跨度达到99米。改革开放以后，随着国家综合实力不断增强，各类体育、演艺等文体活动日益增多，人们对建筑空间的需求也日益增多。同时，随着科技不断进步，炼钢工艺水平和钢铁产量均得到了大幅提升，这为大跨度建筑结构的广泛应用奠定了基础。一时间，

一座座大跨度建筑在神州大地上拔地而起。随着人类社会文明的发展，群体活动越来越多，大跨度建筑结构已成为当今社会不可或缺的建筑结构形式，其发展状况亦成为一个国家建筑科技水平的重要标志之一。

图 36　首都体育馆

➡➡工业建筑

工业建筑是指供给人们从事各类生产活动和储存物品的建筑物和构筑物。工业建筑在 18 世纪后期最先出现于英国，后来在美国以及欧洲一些国家也开始兴建，中国从 20 世纪 50 年代开始大力建造各种类型的工业建筑。工业建筑的形式主要有工业厂房与核电站等。

工业厂房是指直接用于生产或为生产配套的各种房屋，包括主要车间、辅助用房及附属设施用房等。工业厂房按其建筑结构形式可分为单层工业厂房和多层工业厂房。单层工业厂房(图 37)是指层数为一层的厂房,它主要用于重型机械制造工业、冶金工业等重工业。这类厂房的特点是生产设备体积大、质量大,厂房内以水平运输为主。多层工业厂房(图 38)多应用于电子工业、食品工业、化学工业、精密仪器工业等轻工业。这类厂房的特点是生产设备较轻、体积较小,工厂的大型机床一般放在底层,小型设备放在上层,厂房内部的垂直运输以电梯为主,水平运输以电瓶车为主。建在城市中的多层工业厂房,能满足城市规划布局的要求,可丰富城市景观,节约用地。

图 37　单层工业厂房

图 38　多层工业厂房

我国工业厂房根据其主要承重结构的组成材料不同，分为钢筋混凝土结构工业厂房、钢结构工业厂房和混合结构工业厂房。厂房结构形式的选择首先应该结合生产工艺及层数的要求，其次还应该考虑建筑材料的供应、当地的施工安装条件、构配件的生产能力以及自然条件等。我国早期建造的工业厂房主要采用钢筋混凝土结构，现如今，钢结构工业厂房以其质量小、强度高、施工时间短等优点，成为国内应用较多的一种厂房结构形式。

核电站(图 39)是指通过适当的装置将核能转变成电能的设施。商用核电站自建成投产以来，被人们经常议论的是它的安全问题，人们担心建设核电站会影响周围环境和人类的身体健康。因此，核电站在设计中采取了许多安全措施，安全壳就是其中的主要措施之一，它用以保证即使在发生严重事故的情况下，核电站也不会对周围环境和人们的健康造成严重后果。安全壳按结构体系可分为钢筋混凝土结构、预应力混凝土结构和钢结构安全壳三种类型；按结构构造可分为单层安全壳和双层安全壳两种类型。对于压水型反应堆，当前国际上应用较为广泛的安全壳是带承压钢内壳的双层安全壳和带密封钢内衬的预应力混凝土单层安全壳。带承压钢内壳的双层安全壳具有优越的安全功能，在设计基准事故工况下，其受力明确，性能良好。双层安全壳的外壳一般为钢筋混凝土结构，其内壳主要用以承受事故内压及由内、外压差引起的外压荷载，钢筋混凝土外层壳除起到围护结构的功能以外，尚应抵抗环境荷载的作用，以及抵御飞射物的撞击作用，钢筋混凝土外层壳对钢内壳起着有效的保护作用。带密封钢内衬的预应力混凝土单层安全壳是当今世界上最为流行的结构形式，预应力混凝土单层安全壳取材容易，便于建造，结构可靠，只要严格把好建造质量关，其安全功能同样可以得到充分保障，其安全壳的密封钢内衬只起密闭作用。

图 39　核电站

核电站反应堆安全壳结构在当今时代的核电站建设当中具有无比重要的意义，目前我国所有正规的核电站，都已经基于安全壳结构的重要意义，将安全壳结构应用到了核电站的建设当中。但我国的核电站反应堆安全壳的设计建造工作仍有很长的路要走。总之，核电因其安

全性、经济性和环保性均优于火电且能持续稳定发电等优点，无疑是全球解决化石能源短缺和环境恶化双重压力的有效途径。2050年后当可控热核聚变发电机组商业化后，核电将成为可持续发展能源时期的重要力量。

➡➡超级建筑工程

✣✣哈利法塔

哈利法塔(图40)，又称迪拜塔，是位于阿拉伯联合酋长国迪拜市内的一栋摩天大楼，也是已建成的世界第一高楼与人工构造物，高度达828米，楼层总数为169层，造价达15亿美元，能够抵御6.3级地震。工程于2004年9月21日开始动工，2010年1月4日正式完工并启用。哈利法塔由美国建筑师阿德里安·史密斯设计，由韩国三星公司、阿拉伯Arabtec公司、比利时Besix公司联合负责实施。哈利法塔的架构灵感源自蜘蛛兰花的抽象设计，大体上分为三个部分，围绕一个中央核心排列。从上往下看，哈利法塔沿袭了诸多伊斯兰建筑通常采用的葱形圆顶设计，但其规模要小很多；基座周围也采用了富有伊斯兰风格的几何图形——六瓣的沙漠之花。

图 40　哈利法塔

哈利法塔是全球最高的自力支撑架构，全靠一根由地下伸延至 156 层的核心柱支撑塔楼，再于上层采用传统钢结构建造，而横切面选取 Y 形设计，这有助于稳固建筑物。哈利法塔地基表层全由细小石块长年累月黏合而成。为了打稳地基，工程师采用加固的混凝土桩柱，再于桩柱上的 Y 形地台上铺上一层混凝土。由于迪拜的地下水含高浓度氯化物和硫化物，容易侵蚀水泥和金属柱，建筑师特别选用极高密度的水泥，降低侵蚀程度。

哈利法塔由环绕中心柱的三个部分组成。大楼采用打入地下 50 米深的 192 根桩，承载着厚度为 3.7 米、面积为 8 000 平方米基座的混凝土筏板基础。大楼的桩用了近 18 000 立方米的混凝土浇筑，墩座的桩用了 15 000 立方米的混凝土浇筑，椽子则用了 12 300 立方米的混凝土浇筑。也就是说，地基共用了 45 300 立方米的混凝土，质

量超过了 110 000 吨。随着建筑的升高，楼层面积以盘旋而上的形式渐次收缩，自下而上地减小大楼的体积，最后到达顶部的中心柱显露出来，形成光滑的尖顶，直逼天宇。大楼高性能的外覆面系统能够抵挡夏季的极端高温。基本的材料包括反射玻璃、铝和带纹路的不锈钢拱肩板、垂直的不锈钢管状辐射叶，使得大楼的外观更为“苗条”，突出高度。

哈利法塔总计有 57 部电梯，其主电梯可上升到 504 米高度，上升高度曾为世界第一，位置在塔中央；上升速度为 18 米每秒，比广州周大福金融中心的 21 米每秒及上海中心大厦的 20 米每秒稍慢一些，不过电梯并没有直达最高的 169 层，使用者必须在第 123 和第 138 层的“转乘区”换梯；电梯在 1 分钟内可直达第 124 层的世界最高室外观景台。在观景台，整个迪拜市容尽收眼底，被誉为世界第八奇迹的“棕榈岛”和建设中的“世界岛”都能一览无余。

无论是从工程学，还是从想象力和设计上来看，高达 828 米的哈利法塔都算得上奇迹。自 2010 年开放以来，哈利法塔吸引着全球的大量游客前来参观。这座宏伟建筑是迪拜这座城市的地标性建筑之一，启迪参观者产生无限遐想。

埃菲尔铁塔

埃菲尔铁塔(图 41)是法国巴黎的地标性建筑,坐落在塞纳河南岸的战神广场,得名于它的设计师——桥梁工程师埃菲尔。埃菲尔铁塔被法国人爱称为“铁娘子”,该塔与纽约帝国大厦、东京电视塔同被誉为西方三大著名建筑。

图 41　埃菲尔铁塔

1884 年 11 月 8 日,法国政府宣布将于 1889 年在巴黎举行世界博览会,以纪念法国大革命胜利 100 周年。法国人希望借此机会给世界人民留下深刻印象,创作一件能象征 19 世纪技术成果的作品,于是法国在 1886 年

举行设计竞赛征集方案。时年 53 岁的埃菲尔设计的是一座钢铁结构的拱门高塔，这个方案最终胜出。世界博览会组委会这样阐释："这个世纪即将结束，我们应该欢庆现代化的法兰西诞生！人们经常谈论金属和机械的高度发展，我们有理由把金属和机械作为胜利的标志。"

埃菲尔将塔的高度确定为 300 米，是因为只有达到这个高度，才能超出巴黎当时伟大传统建筑高度的总和：巴黎圣母院高度为 68 米，巴黎歌剧院高度为 54 米，圣雅克塔高度为 52 米，凯旋门高度为 49 米，七月纪念柱高度为 47 米，古埃及方尖碑高度为 27 米，它们的高度加起来的总和为 297 米，所以铁塔的高度必须达到 300 米。

1887 年 1 月 28 日，埃菲尔铁塔正式开工。250 名工人在冬季每天工作 8 小时，在夏季每天工作 13 小时，终于，在 1889 年 3 月 31 日，这座钢铁结构的高塔大功告成。埃菲尔铁塔的金属制件超过 1.8 万个，质量达 7 000 吨，施工时共钻孔 700 万个，使用铆钉 250 万个。由于铁塔上的每个部件事先都严格编号，所以装配时没出一点差错。施工完全依照设计进行，中途没有进行任何改动，可见设计之合理、计算之精准。据统计，仅铁塔的设计草图就有 5 300 多张，其中包括 1 700 张全图。1889 年 5 月 15 日，为给世界博览会开幕式剪彩，铁塔的设计师埃菲尔亲自将法国国旗升上了铁塔的300米高空。

埃菲尔铁塔的结构体系既直观又简洁:底部分布在每边有128米长底座上的四个巨型倾斜柱墩上,倾角为54°,由57.63米高度处的第一层平台联系支承;第一层平台和115.73米高度处的第二层平台之间是4个微曲的立柱;再向上,4个立柱转化为几乎垂直的、刚度很大的方尖塔,其间在276.13米高度处设有第三层平台;在300.65米高度处是塔顶平台,站在塔顶举目瞭望,巴黎全城尽收眼底。

埃菲尔铁塔是巴黎的标志之一。经过20世纪80年代初大修之后的埃菲尔铁塔,如今风姿绰约,巍然屹立,它是全体法国人民的骄傲,也是法兰西民族的象征。埃菲尔铁塔的故事,已经跨越了3个世纪,而且还会一直讲述下去。

✣✣国家体育场

国家体育场(图42)又名“鸟巢”,位于北京奥林匹克公园中心南部,占地204 000平方米,为2008年北京奥运会的主体育场。奥运会后国家体育场成为市民参与体育活动及享受体育娱乐的大型专业场所,为地标性的体育建筑。

图 42　国家体育场

国家体育场工程主体呈马鞍椭圆形，宽度为296.4米，长度为332.3米，建筑面积为258 000平方米，总投资额约为35亿元人民币，可容纳9.1万名观众。建筑屋盖顶面为双向圆弧构成的鞍形曲面，最高点高度为68.5米，最低点高度为42.8米。墙面与屋面钢结构由24榀门式桁架围绕着体育馆内部碗状看台区旋转而成，其屋面主桁架高度为12米，双榀贯通最大跨度约为260米；结构总用钢量为4.2万吨，每平方米用钢量达到500千克；场馆施工主要采用2台800吨履带吊（外圈）和2台600吨履带吊（内圈）进行对称高空原位安装。“鸟巢”整体建设工期约为5年，其中钢结构施工工期约为800天。工程施工重、难点主要包括空间弯扭构件制作、巨型钢构件吊装、高强度钢材焊接等。

国家体育场空间效果新颖，但又简洁古朴，在满足奥运会体育场所有的功能和技术要求的同时，设计上并没有被那些同类的过于强调建筑技术化的大跨度结构和数码屏幕所主宰。它如同巨大的容器，高低起伏波动的基座缓和了容器的体量，而且给了它戏剧化的弧形外观，汇聚成网格状——就如同一个由树枝编织成的鸟巢，又像一个摇篮，寄托着人类对未来的希望。如今，国家体育场已经成为海内外游客经常光顾的著名景点，并作为地标性体育建筑和奥运遗产，永久地展现在世人的眼前。

▶▶桥隧工程之交通枢纽

交通运输在国家经济发展中起着十分重要的先行作用，在公路、铁路和城市交通建设中，为跨越江河、深谷和海峡或穿越山岭和水底都需要建造各种桥梁或隧道等建筑物。桥隧工程属于交通基础设施中最为重要的一部分。

在古代，人们为了生存，尽量沿河生活，水上交通就成为最早产生的运输方式。伏羲氏“刳木为舟，剡木为楫”，说明独木舟早已在中国出现。在陆地交通方面，驯服的马、牛作为陆运工具出现得最早，此后出现的马、牛拉车也促进了道路的修筑，直至出现丝绸之路。18 世纪

下半叶蒸汽机的发明导致了工业革命，促进了机动船和机车的出现，从此开启了近代运输业的发展。19世纪末到20世纪初，汽车、飞机相继问世，大大提高了交通的便利性。

交通基础设施建设具有乘数效应，即能带来几倍于投资额的社会总需求和国民收入。一个国家或地区的交通基础设施是否完善，是其经济能否长期持续、稳定发展的重要基础。桥隧工程作为交通运输动脉上的枢纽，发挥着至关重要的作用。

➡➡桥梁工程

桥梁是架在水上或空中以便通行的建筑物。为适应现代高速发展的交通行业，桥梁亦引申为跨越山涧、不良地质或满足其他交通需要而架设的使通行更加便捷的建筑物。桥梁既是一种功能性的结构物，也往往是一座立体的造型艺术工程，是一处景观，具有时代的特征。

桥梁一般由桥跨结构、桥墩和桥台等几部分组成，其中桥跨结构是在线路中断时跨越障碍的主要承重结构，桥墩和桥台是支撑桥跨结构并将桥梁的荷载传至地基的建筑物。通常人们习惯地称桥跨结构为桥梁的上部结构，称桥墩或桥台等为桥梁的下部结构。目前人们所见到的桥梁，种类繁多。它们都是人类在长期的生产活动中，通过反复实践和不断总结而逐步发展起来的。桥梁按照其结构形式主要可以分为梁式桥、拱式桥、刚构桥、悬索桥和斜拉桥五类。

⁜⁜梁式桥

梁式桥是一种在竖向荷载作用下无水平反力的结构，是一种以受弯为主的主梁作为主要承重构件的桥梁，如图 43 所示。目前在公路上应用最广的是预制装配式的钢筋混凝土简支梁桥。这种梁桥的结构简单，施工方便，对地基承载能力的要求也不高，但其常用跨径在 25 米以下。当跨度较大时，需要采用预应力混凝土简支梁桥，但跨度一般也不超过 50 米。

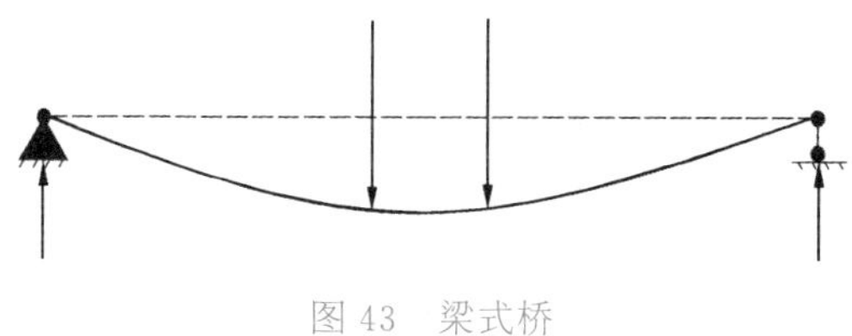

图 43　梁式桥

目前我国跨径最大的混凝土连续梁桥是四川省的乐自高速岷江特大桥(图 44)，其主桥设计为 3 跨，每跨跨度为 180 米，是亚洲第一大跨径的混凝土连续梁桥。

图 44　乐自高速岷江特大桥

✣✣拱式桥

拱式桥的主要承重结构是拱券或拱肋，如图 45 所示。这种结构在竖向荷载作用下，一般会对基础造成很大的水平推力，因此这种有推力的拱桥通常修建在地基基础较为坚实的地区。拱式桥的承重结构以受压为主，通常采用抗压能力强的材料（如砖、石、混凝土）和钢筋混凝土等建造。拱式桥是中国最常用的一种桥梁形式，其式样之多，数量之大，为各种桥型之冠，特别是公路桥梁。因为拱式桥的跨度很大，外形也比较美观，在条件许可的情况下，修建拱式桥往往是经济合理的。中国是一个多山的国家，石料资源丰富，因此拱式桥的材料以石料为主。通常拱式桥根据行车道的位置可以分为上承式拱式桥、中承式拱式桥和下承式拱式桥三类。世界上跨度最大的拱式桥为重庆市的朝天门长江大桥（图 46），线路全长 1 741 米，主跨为 552 米，是一座中承式连续钢桁系杆拱式桥。

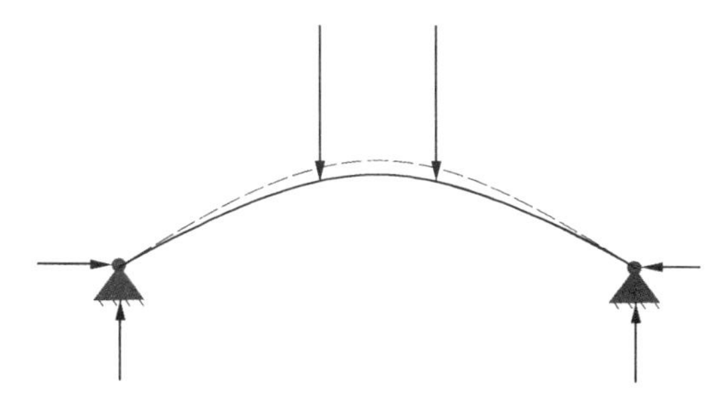

图 45 拱式桥

图 46 朝天门长江大桥

刚构桥

刚构桥，又称刚架桥，采用一种介于梁与拱之间的结构体系，它是由受弯的上部梁或板结构与承压的下部柱或墩结合在一起的结构，如图 47 所示。其主要承重结构是梁或板和立柱或竖墙整体结合在一起的刚架结构，梁

和柱的连接处具有很大的刚性。在竖向荷载的作用下，梁部主要受弯，而在柱脚处也具有水平推力。这种桥的建筑高度很小，适用于立交桥和高架线路桥等，并且用料节省。对于很长的桥，为了降低墩柱内的附加内力，往往将两侧的边跨设置成活动铰支座，甚至将主跨的墩柱做成双壁式结构，如重庆市的石板坡长江大桥(图 48)，就是采用刚架结构的连续混合梁桥。其最大跨度达到了330 米，为世界第一大跨径刚架桥。

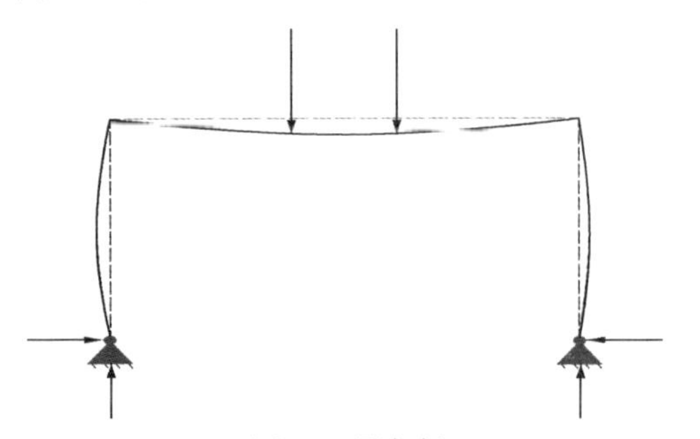

图 47　刚架桥

图 48　石板坡长江大桥

❖❖悬索桥

悬索桥，又名吊桥，是指以通过索塔悬挂并锚固于两岸（或桥两端）的缆索（或钢链）作为上部结构主要承重构件的桥梁，如图 49 所示。悬索桥由悬索、索塔、锚碇、吊杆、桥面系等部分组成，其在竖向荷载作用下，通过吊杆使缆索承受很大的拉力，所以缆索一般用抗拉强度高的钢材（钢丝、钢缆等）制作。由于悬索桥可以充分利用材料的强度，并具有用料省、自重轻的特点，因此在各种体系桥梁中的跨越能力最大，跨径可以达到 1 000 米以上。如武汉市的阳逻长江大桥（图 50），其主跨达 1 280 米，为双塔钢箱梁悬索桥，是中国湖北省武汉市境内连接新洲区和洪山区的过江通道。悬索桥的主要缺点是刚度小，在荷载作用下容易产生较大的变形和振动，应注意采取相应的措施。可以说，整个悬索桥的发展历史，是不断研究和克服其有害的变形与振动的历史，亦是争取其结构刚度的历史。

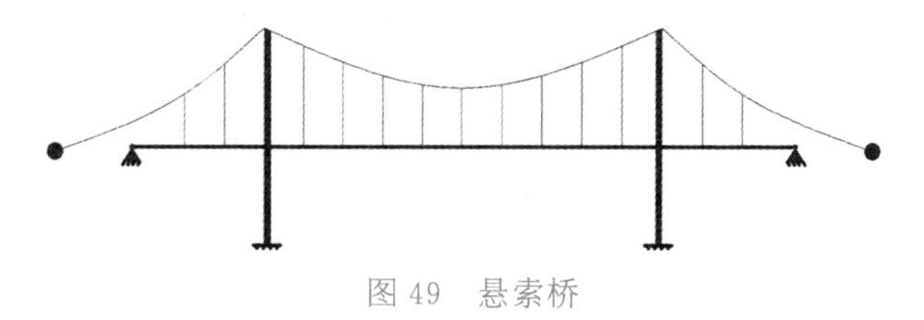

图 49　悬索桥

图 50　阳逻长江大桥

✣✣斜拉桥

斜拉桥，又称斜张桥，是将主梁用许多根斜索直接拉在桥塔上的一种桥梁，是由承压的塔柱、受拉的斜索和承弯的主梁组合起来的一种结构体系，如图 51 所示。其可使梁体内弯矩减小，降低建筑高度，减轻结构质量，节省材料。斜拉桥主要由斜索、塔柱和主梁组成。与悬索桥相比，斜拉桥的结构刚度大，即在荷载作用下的结构变形小很多，且其抵抗风振的能力也较好。斜拉桥是半个多世纪来富有想象力和构思内涵非常丰富且引人瞩目的桥型之一，它具有广泛的适应性。一般说来，对于跨度为 200 米至 700 米，甚至超过 1 000 米的桥梁，斜拉桥在技术和经济上都具有相当优越的竞争能力。随着高性能新材料的开发、计算理论的进一步完善、施工方法的改进，特别是设计构思的不断创新，斜拉桥还在向更大跨度和更新的结构形式发展。如苏通大桥(图 52)主桥为双塔双索面钢箱梁斜拉桥，主跨达 1 088 米，在修建时是中国建桥史上工程规模最大、综合建设条件最复杂的特大型桥梁工程。

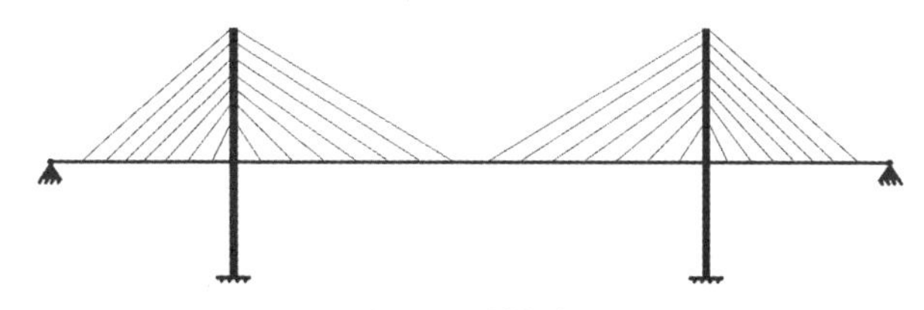

图 51　斜拉桥

图 52　苏通大桥

在现代社会中，建立高效的交通运输网络，对促进交流、发展经济、提高国力，具有重要的意义，而桥梁是其中不可或缺的组成部分。一座重要的桥梁通常会集中体现一个国家或地区在工程设计、建筑材料和制造工艺等方

面的技术水平。作为建筑实体,它会反映当时社会的意识形态,并长久地存在于社会生活之中。工程宏大、结构造型雄伟壮观的大桥,具有很高的审美价值,往往能成为一座城市或一个地区的标志。表1所列为世界十大跨海大桥。

表1　世界十大跨海大桥(2020统计)

排名	名称	长度	建成时间	地点
1	港珠澳大桥	55千米	2018年	中国
2	青岛胶州湾大桥	42.23千米	2011年	中国
3	濑户大桥	37.1千米	1988年	日本
4	切萨皮克湾大桥	37千米	1964年	美国
5	杭州湾跨海大桥	36千米	2008年	中国
6	东海大桥	32.5千米	2005年	中国
7	法赫德国王大桥	25千米	1986年	沙特
8	金塘大桥	21.029千米	2009年	中国
9	大贝尔特桥	17.5千米	1997年	丹麦
10	厄勒海峡大桥	16千米	2000年	丹麦

➡➡隧道工程

1970年,经济合作与发展组织召开的隧道会议综合了各种因素,从技术方面对隧道所下的定义为:以任何方式修建，最终使用于地表以下的条形建筑物，其内部空洞净空断面在2米以上的均称为隧道。这一定义通过将净空面积和结构相关的力和安全引入进来，从而区别于因动植物活动所形成的狭小空间。隧道的结构包括主体建筑物和附属设备两部分。主体建筑物由洞身和洞门组成，附属设备包括避车洞、消防设施、应急通信和防排水设施，长隧道还有专门的通风和照明设备。隧道按照其长度可分为短隧道、中隧道、长隧道、特长隧道四种，且公路隧道长度划分标准与铁路隧道不相同。隧道按其埋深可划分为深埋隧道与浅埋隧道，公路隧道相关规范规定，深埋隧道与浅埋隧道的临界深度是以隧道顶部覆盖层能否形成压力拱（自然拱）为原则确定的。对于山岭隧道，埋深超过50米（保守估计是100米）的隧道基本上都可以划分为深埋隧道。

隧道工程的施工条件极其恶劣，体力劳动强度和施工难度都相当大。为减轻劳动强度，人们一直在做不懈的努力。古代一直使用“火焚法”和铁锤钢钎等原始工具进行开挖，直到19世纪才开始采用钻爆作业。在此期间人类发明了凿岩机，经过将近一个世纪的努力，凿岩机发展成为今天的高效率大型多头摇臂钻机，把工人从繁重的体力劳动中解放出来。爆破技术也在不断发展，从早

期的导火索、火雷管引爆，发展到点雷管毫秒引爆和导爆管非电雷管起爆等，而为减少对围岩的扰动，已实现光面爆破、预裂爆破等。和钻爆开挖法完全不同的还有两种机械开挖法，它们使用的机械不同：一种是用于软土地层的盾构机，发明于1823年，经过一个半世纪的不断改进，已经从手工开挖式盾构，发展到半机械化乃至全机械化盾构，能广泛用于各种复杂的软土地层的掘进；另一种是用于中等和坚硬岩石地层的岩石隧道掘进机。1883年，岩石隧道掘进机首次试掘成功，目前已经发展成大断面（直径为10米以上）的带有激光导向和随机支护装置的先进的掘进机，机械化程度大大提高，加上辅助的通风除尘装置，使工作环境得到很大改善。

公路隧道除了能产生缩短里程、提速、降低油耗、减少事故等直接效益外，还带来很多间接的社会与经济效益。同时，隧道建设的隐蔽性不给自然环境带来破坏性影响，具有重要的意义。如紫之隧道（图53）是中国浙江省杭州市西湖区境内的地下通道，位于西湖风景区之下。紫之隧道的建成开辟了联系杭州市西北与西南及南部的新通道，对改善城市拥堵状况以及提升景区环境品质起到至关重要的作用。

图 53　紫之隧道

➡➡超级桥隧工程

✣✣港珠澳大桥

港珠澳大桥(图 54)是中国境内规划的高速公路路网中珠江三角洲地区南环段环线部分，东起香港口岸人工岛，西连珠海和澳门半岛，是连接香港、珠海和澳门的关键性工程。港珠澳大桥全长 55 千米，设计使用寿命为 120 年，总投资约 1 200 亿元人民币。大桥于 2003 年 8 月启动前期工作，2009 年 12 月开工建设，于 2018 年 10 月开通营运，筹备和建设前后历时达 15 年。

图 54　港珠澳大桥

港珠澳大桥主体工程总长约29.6千米，针对跨海工程“低阻水率”“水陆空立体交通线互不干扰”“环境保护”，以及“行车安全”等苛刻要求，港珠澳大桥采用了“桥、岛、隧三位一体”的建筑形式；大桥全路段呈S形曲线，桥墩的轴线方向和水流的流向大致平行，既能缓解司机驾驶疲劳，又能减小桥墩阻水率，还能提升建筑美观度。港珠澳大桥的主桥为三座大跨度钢结构斜拉桥，由多条8～23吨、1 860兆帕的超高强度平行钢丝巨型斜拉缆索从约3 000吨自重主塔处张拉承受约7 000吨的梁面，具有跨径大、造型优美、抗风性能好以及施工快捷方便、经济效益好等优点。整座大桥具有跨径大、桥塔高、结构稳定性强等特点。

港珠澳大桥工程具有规模大、工期短，技术新、经验少，工序多、专业广，要求高、难点多的特点，为全球已建最长跨海大桥，在道路设计、使用年限以及防撞防震、抗洪抗风等方面均有超高标准，大桥工程的技术及设备规模创造了多项世界纪录。

✣✣上海长江隧道

上海长江隧道(图55)是中国上海市境内连接浦东新区与崇明区的过江通道，位于长江水道之下，是上海崇明越江通道重要组成部分。上海长江隧道于2004年12月

28日动工兴建，于2008年9月5日完成双线贯通工程，于2009年10月31日通车运营，整条隧道设有多条逃生通道，是世界最大直径的盾构隧道，被誉为“万里长江第一隧”。

图55 上海长江隧道

上海长江隧道南起泸崇苏立交桥，下穿长江南港水域，北至潘圆公路立交桥；线路全长8 955.26米，主跨江段全长7 470米；道路为双向六车道高速公路，设计速度为80千米每小时。上海长江隧道的跨江主隧道为双线圆隧道，隧道衬砌采用钢筋混凝土管片，隧道分三层，上层为烟道，中层为三车道高速公路，不设紧急停车带，下层为预留轨道空间、逃生通道、设备通道，在中、下层间设有疏散楼梯。

上海长江隧道工程的建成，标志着我国隧道技术取

得重要突破，隧道建设水平跃上了一个新台阶。上海长江隧道建成通车，对改善长江口越江交通状况，优化上海交通网络体系，打通国家沿海交通大通道，发挥了非常重要的作用。它将进一步拓展上海的发展空间，改善上海市交通系统结构和布局，助力综合开发崇明岛资源，促进苏北经济发展，进一步增强和发挥浦东的经济实力，加速长三角地区经济一体化，更好地带动长江流域及全国的经济发展，大大提升上海在全国乃至全球经济中的综合竞争力。

象牙塔里面的土木工程

安得广厦千万间，大庇天下寒士俱欢颜

——杜甫

▶▶国内设置土木工程学科的著名高校概览

✣✣同济大学(Tongji University)

同济大学简称“同济”，是中华人民共和国教育部直属，教育部与国家海洋局、上海市共建的全国重点大学；中央直管副部级建制高校，位列国家首批“世界一流大学建设高校(A类)”、国家“双一流”、“985工程”和“211工程”建设高校。同济大学历史悠久、声誉卓著，是中国最早的国立大学之一。经过100多年的发展，同济大学已经成为一所特色鲜明，在海内外具有较大影响力的综合

性、研究型、国际化大学，综合实力位居国内高校前列。

同济大学的土木工程学院是国内同类专业中教学和研究实力最强的学院之一，目前院内设有建筑工程系、地下建筑与工程系、桥梁工程系、结构防灾减灾工程系和水利工程系 5 个系，另外还设有土木工程防灾国家重点实验室和国家土建结构预制装配化工程技术研究中心。

❖❖清华大学(Tsinghua University)

清华大学简称“清华”，是中华人民共和国教育部直属的全国重点大学，位列国家首批“世界一流大学建设高校(A 类)”、国家“双一流”、“985 工程”、“211 工程”建设高校，入选“2011 计划”“珠峰计划”“强基计划”“111 计划”，为九校联盟(C9)、松联盟、中国大学校长联谊会、亚洲大学联盟、环太平洋大学联盟、清华-剑桥-MIT 低碳大学联盟成员，中国高层次人才培养和科学技术研究的基地，被誉为“红色工程师的摇篮”。

土木工程系是清华大学历史最悠久的院系之一。早在 1916 年清华学校(清华大学前身)开始招收土木工程学科的留美专科生。近些年，清华大学土木工程系暨建设管理系的教师和研究生参加了港珠澳大桥、FAST“中国天眼”、北京中国尊、大兴新机场和 70 周年国庆“红飘带”等重点工程的建设，发挥了不可替代的作用。

✣✣东南大学(Southeast University)

东南大学简称“东大”，坐落于六朝古都南京，是一所享誉海内外的著名高等学府，也是中华人民共和国教育部直属的全国重点大学，是国家首批“世界一流大学建设高校(A 类)”、国家“双一流”、“985 工程”、“211 工程”建设高校。东南大学创建于 1902 年，由三江师范学堂创办，经过近 120 年的发展，东南大学发展成一所以工科为主要特色的综合性、研究型大学，涵盖哲学、经济学、法学、教育学、文学、理学、工学、医学、管理学和艺术学等多个学科。

东南大学土木工程学院是在创立于 1923 年的土木工程学科的基础上建立起来的，学院涵盖土木工程、力学和工程管理等三个学科。结构工程学科为国家重点学科，防灾减灾工程及防护工程学科为江苏省国家重点学科培育点。学院拥有国家“985 工程”“211 工程”重点建设学科、教育部振兴行动计划重点建设学科、教育部重点实验室、国家级土木工程实验教学示范中心建设点和长江学者教育部特聘教授岗位。

✣✣哈尔滨工业大学(Harbin Institute Of Technology)

哈尔滨工业大学始建于 1920 年，是工业和信息化部直属的全国重点大学，位列国家首批“世界一流大学建设高校(A 类)”、国家“双一流”建设高校、“985 工程”、“211

工程”、九校联盟(C9)等，是首批设有研究生院、拥有研究生自主划线资格的高校之一，首批学位授权自主审核单位之一。学校充分发挥学科交叉、融合的优势，形成了由重点学科、新兴学科和支撑学科构成的较为完善的学科体系，涵盖了理学、工学、管理学、文学、经济学、法学和艺术学等多个学科门类。

哈尔滨工业大学土木工程学院的历史可以追溯到1920年创立的中俄工业铁道建筑专业及1950年成立的中国第一个工业与民用建筑专业。经过多年的发展，土木工程学院设有土木工程和城市地下空间工程两个本科专业，其中土木工程专业下设建筑工程和土木工程材料两个专业方向和一个土木工程力学精英班。土木工程学院现拥有“寒区低碳建筑开发利用”国家地方联合工程研究中心、“结构工程灾变与控制”教育部重点实验室、建设部重点实验室、特色实验室、土木工程高性能计算中心、国际联合实验室以及土建工程国家级实验教学示范中心。

❖❖浙江大学(Zhejiang University)

浙江大学简称“浙大”，是中华人民共和国教育部直属的综合性全国重点大学，中央直管副部级建制，位列国家首批“世界一流大学建设高校(A类)”、国家“双一流”建设高校、“985 工程”、“211 工程”、九校联盟(C9)、环太平洋大学联盟和世界大学联盟等。浙江大学的前身是创立于1897 年的求是书院,为中国人自己最早创办的新式高等学校之一,1928 年定名国立浙江大学。浙江大学以造就卓越人才、推动科技进步、服务社会发展和弘扬先进文化为已任,逐渐形成了以“求是创新”为校训的优良传统。

浙江大学建筑工程学院的前身是创办于 1927 年的土木工程学系,土木工程是浙江大学的传统工科。学科涵盖了国家基本建设领域,建筑、规划、土木、水利和交通等交相辉映,土木工程高峰学科和建筑规划特色学科尤为出色,形成了大跨空间结构与高性能材料、软弱土与环境土工、饮用水安全保障与输配技术、绿色建筑和智慧城市等多个特色优势研究方向,学科平台支撑条件优越,拥有 16 个国家和省部级教学科研基地,在国内外取得了一系列有影响力的科技成果。

✣✣大连理工大学(Dalian University Of Technology)

大连理工大学简称“大工”,是中华人民共和国教育部直属的全国重点大学,是教育部与国家国防科技工业局共建高校,教育部、辽宁省、大连市共建高校,位列国家首批“世界一流大学建设高校(A 类)”、国家“双一流”、“985 工程”、“211 工程”建设高校。大连理工大学的前身

是创建于 1949 年 4 月的大连大学工学院，是中国共产党在中华人民共和国成立前夕，面向中国工业体系建设创办的第一所新型正规大学。

大连理工大学建设工程学部由土木工程学院、水利工程学院、港航与海洋工程学院、交通运输学院和建设管理系组成，形成了“四院一系”的发展格局，下设 26 个研究所。学院建有先进的实验室集群平台，包括桥梁与隧道技术国家地方联合工程实验室、海岸和近海工程国家重点实验室、消防与应急救援国家工程实验室、土木水利国家级实验教学示范中心、海洋基础工程与结构安全等先进科研平台。

天津大学（Tianjin University）

天津大学简称“天大”，是中华人民共和国教育部直属的首批全国重点大学，副部级大学，是国家首批“世界一流大学建设高校（A 类）”、国家“双一流”、“985 工程”、“211 工程”建设高校，中国工程院和教育部 10 所工程教育改革试点高校之一。天津大学原名北洋大学，前身是 1895 年由光绪皇帝批准、盛宣怀出任学堂首任督办的“北洋大学堂”，是中国的第一所现代大学。学校形成了工科优势明显、理工结合，经济学、管理学、文学、法学、医学、教育学、艺术学和哲学等多学科协调发展的综合学科布局。现有75个本科专业，42个一级学科硕士点，30个一级学科博士点，25个博士后科研流动站。

天津大学建筑工程学院于1997年由原土木工程系、水资源与港湾工程系和船舶与海洋工程系合并成立，学院现有土木工程、水利工程及船舶与海洋工程三个一级学科，全部具有一级学科博士授予权并设有博士后流动站。学院设有土木工程实验中心、水利工程实验中心、船舶与海洋工程实验中心3个教学实验基地。

✣✣湖南大学（Hunan University）

湖南大学位于长沙，校区坐落在湘江之滨、岳麓山下，享有“千年学府，百年名校”之誉。学校办学历史悠久、教育传统优良，是中华人民共和国教育部直属全国重点大学、国家“985工程”、“211工程”建设高校、国家“世界一流大学建设高校”。湖南大学办学起源于宋太祖开宝九年（976年）创建的岳麓书院，历经宋、元、明、清等朝代的变迁，始终保持着文化教育教学的连续性。学校设有研究生院和25个学院，学科专业涵盖哲学、经济学、法学、教育学、文学、历史学、理学、工学、管理学、医学和艺术学等11大门类。

千年学府，百年土木。从1903年的湖南省垣实业学堂的矿、路科起，到1953年的中南土木建筑学院，湖南大

学土木工程学院迄今已经走过了110多年的光辉历程，为国家和社会培养了众多土木英才。学院拥有从本科、硕士到博士完整的高层次人才培养体系，有土木工程、给排水科学与工程、建筑环境与能源应用工程、工程管理4个本科专业，土木工程和交通运输工程2个一级学科硕士点，建筑与土木工程和项目管理2个专业学位点，土木工程一级学科和道路与铁道工程二级学科博士点，以及土木工程和交通运输工程学科2个博士后科研流动站。

▶▶国外设置土木工程学科的著名高校概览

❖❖牛津大学（University of Oxford）

牛津大学简称“牛津”，位于英国牛津，是一所誉满世界的公立研究型大学，采用书院联邦制，与剑桥大学并称“牛剑”，并且与剑桥大学、伦敦大学学院、帝国理工学院、伦敦政治经济学院同属“G5超级精英大学”。

牛津大学最早成立于1167年，是英语世界中最古老的大学，也是世界上现存第二古老的高等教育机构。牛津大学在数学、物理、医学、法学和商学等多个领域拥有崇高的学术地位及广泛的影响力，被公认为当今世界顶尖的高等教育机构之一。牛津大学涌现出了一批引领时代的科学巨匠，培养了大量开创纪元的艺术大师以及国家元首、政商界领袖。

✣✣佐治亚理工学院（Georgia Institute of Technology）

佐治亚理工学院建校于1885年，是坐落于美国亚特兰大的世界顶尖研究型大学，美国大学协会、新工科教育国际联盟成员。与麻省理工学院及加州理工学院并称为美国三大理工学院。该校除了位于亚特兰大市的主校区之外，还在法国洛林大区的首府梅斯以及中国上海开设了分校。

佐治亚理工学院在全球拥有顶尖的学术声誉，其代表学科是工程。作为美国最好的理工类大学之一，下属的航空实验室承担了美国政府的重大科研项目。

✣✣斯坦福大学（Stanford University）

斯坦福大学是美国一所私立大学，被公认为世界上最杰出的大学之一。它位于加利福尼亚州的斯坦福市，临近旧金山。它占地约33平方千米，是美国占地面积第二大的大学。

斯坦福大学虽然历史较短，但多个学科在世界排名均处于领先地位，尤其在统计与运筹学、电气工程学、计算机科学、医学、商学和社会科学等多个学科领域拥有世界级的学术影响力。

✣✣麻省理工学院（Massachusetts Institute of Technology）

麻省理工学院简称麻省理工（MIT），坐落于美国马萨诸塞州波士顿都市区剑桥市，是世界著名私立研究型大学。

麻省理工学院创立于1861年，在第二次世界大战后，麻省理工学院因美国国防科技的研发需要而迅速崛起。

✣✣加利福尼亚大学伯克利分校（University of California，Berkeley）

加利福尼亚大学伯克利分校简称伯克利，坐落在美国旧金山湾区的伯克利市，是世界著名公立研究型大学。

作为加州大学的创始校区，加利福尼亚大学伯克利分校以自由、包容的校风著称。

▶▶土木工程专业关键课程及内容介绍

➡➡土木工程专业方向及侧重点

土木工程专业是大学里的一种工程学科，专门培养掌握各类土木工程学科的基本理论和基本知识的人才，一般包含岩土工程、建筑工程、道路与桥梁工程、市政工程、工程管理、工程造价等专业方向。

岩土工程：该方向旨在培养适应社会主义现代化需要，具有扎实的技术基础理论和必要的专业知识，能够对常见土体成分、构造、工程地质特征具有初步的认识能力以及较强的外语和计算机应用能力，有一定分析、解决工程实际问题的能力及工程设计能力，有初步的科学研究、科技开发能力和管理能力的岩土工程高级专业技术人才。

建筑工程：该方向旨在培养适应社会主义建设和社会发展需求，从事房屋建筑工程结构设计、施工组织、工程监理、工程预算和管理工作，熟悉建筑法规及合同管理、施工流程、施工方法、质量标准，并具有较强的计算机应用能力的应用型工程技术人才。

道路与桥梁工程：该方向旨在培养适应现代化建设需要，有扎实的基础理论和专业知识，有较强的实践能力，从事道路与桥梁工程的设计、施工组织管理和经营等方面工作的高级工程技术人才。

市政工程：该方向旨在培养具有良好的道德和敬业精神，适应市政工程一线建设岗位需要，掌握市政工程设计与施工知识，具备市政工程现场技术与管理技能，具有学习应用国内外市政新技术的初步能力，具有实践能力、创新能力的技能型人才。

工程管理：该方向旨在培养具备土木工程技术及与工程管理相关的管理、经济和法律等基本知识，初步具有项目评估、工程造价管理的能力，初步具有编制招标、投

标文件和投标书评定的能力，初步具有编制和审核工程项目估算、概算、预算和决算的能力等，具有一定的实践能力、创新能力的高级工程管理人才。

工程造价：该方向旨在培养适应现代化建设需要，能够从事建设项目投资分析与控制、工程造价的确定与控制、建设工程招投标、工程造价的管理人才。

➡➡关键课程

土木工程专业课程培养掌握各类土木工程学科的基本理论和基本知识，能在房屋建筑、地下建筑(含矿井建筑)、道路、隧道、桥梁建筑、水电站、港口及近海结构与设施、给水排水和地基处理等领域从事规划、设计、施工、管理和研究工作的高级工程技术人才。

关键课程主要包括：理论力学、材料力学、结构力学、弹性力学、土力学、工程地质学、建筑材料学、画法几何与土木工程制图、混凝土结构基本原理、混凝土结构设计、钢结构基本原理、砌体结构、建筑法规、土木工程施工、高层建筑结构与抗震、房屋建筑学和工程经济学等。

▶▶毕业生需要具备的基本素质

➡➡土木工程专业就业状况

随着大学生就业的双向选择及市场化进程，以及我国高等学校招生规模的不断扩大，大学毕业生就业难的问题已成为我国重大的社会问题，择业教育已成为大学生的必修课程。一方面，大学毕业生觉得理想工作难得，求职成本在增加，就业困难；另一方面，又有不少大学毕业生放弃到手的工作，重新加入择业大军。随着我国经济的不断发展，基本建设项目不断推进，土木工程专业毕业生的就业前景良好，导致毕业生盲目择业，违约率高。违约会对大学生的诚信造成负面影响，也会造成人才市场大量的人力、物力、财力的浪费。对于土木工程专业的学生来说，可以选择多种就业途径，如建筑施工企业、房地产开发企业、路桥施工企业、监理公司、设计院、工程造价，或者考取公务员，或者考取硕士研究生继续深造等。

➡➡各个岗位的状况及需要具备的基本素质

✣✣建筑施工企业、房地产开发企业、路桥施工企业、监理公司

随着经济的发展和路网改造、城市基础设施建设工作的不断深入，土建工程技术人员在当前和今后一段时期内的需求量还将不断上升。再加上路桥和城市基础设施的更新换代，土木工程人才一直处于供不应求的状态。这类人才的发展道路一般是：施工员—技术员—监理员/技术经理—监理工程/项目经理—总工程师—总监工程师。

需要具备的基本素质：具有吃苦耐劳的精神和良好的沟通能力，熟知行业的各项规章制度，同时还要具备扎实的专业基础知识，掌握工程力学、流体力学、岩土力学的基本理论，掌握工程规划与选型、工程材料、结构分析与设计、地基处理方面的基本知识，掌握有关建筑机械、电工、工程测量与试验、施工技术与组织等方面的基本技术。具备高度负责的工作态度，还要善于学习，了解当代土木工程技术的主要应用和发展。

❖❖设计院

设计院分工明确，按劳计酬，有能力很容易展现出来。毕业生工作一两年后就能独立进行设计，特别是考取了一级注册建筑师证书、一级注册结构工程师证书以后，工作起来就会更加得心应手。由于结构设计直接关系建筑物的安全，因此很多甲级设计院都要求入职者拥有硕士研究生以上学历。

需要具备的基本素质：首先是吃苦耐劳，其次要有良好的沟通能力，负责任的态度，能够熟练操作工程制图各种软件，熟知土木工程的各种相关法规，还要具备查找各种资料、获取信息的能力。

❖❖工程造价

工程造价行业需要工作经验，熟悉新一代造价软件。

考取一级造价工程师，就可以完整地完成工程预算。工程造价行业收入较高，但比较辛苦，需要长时间的计算、绘图，工作必须井井有条、零而不乱。

需要具备的基本素质：具备吃苦耐劳的精神，具有良好的沟通能力，能够看懂各类施工图纸，熟练操作广联达等工程造价的相关软件，同时也要熟知国家相关的各项法律法规。

✣✣考取公务员

本专业由于人才奇缺，政府机关设有一些专门的建筑专业岗位，要求专业知识丰富、本科或硕士研究生学历，通常可以报考住建局、交通局和铁路部门等相关岗位。

需要具备的基本素质：具有对人民高度负责的态度和良好的沟通能力。如果是考取与本专业相关岗位的公务员，还需要具备扎实的专业知识，以及善于学习的能力。

✣✣考取硕士研究生继续深造

硕士研究生要有很强的自学能力，面对一个全新的问题要努力掌握解决新问题的思路和方法，面对沉重的科研任务还要有抗压能力。

土木工程之人才需求

长才靡入用，大厦失巨楹。

——邵谒

▶▶工程技术方向

土木工程技术是指人们在工程建造过程中所运用的土木工程专业科学技术的统称。在工程设计过程中，工程技术是以材料力学、结构力学、弹性力学和结构设计原理等为基础计算梁、板、柱的截面大小以及截面中钢筋的面积的技术；在工程施工的过程中，工程技术是应用施工实践的知识将设计图纸上的工程完成建造的技术；在工程检测与监测中，工程技术是通过获得并分析数据来确定建筑是否可以正常使用的技术。在工程建造中应用专业知识去完成工程建造的人员称为工程技术人员。工程技术按照工作性质的不同可以分为施工类、设计类、检测类和监测类。

➡➡施 工

施工类企业亦称“建筑安装企业”，即从事各种建筑施工活动的经营单位，通俗来讲，施工企业就是组织工人和工程技术人员将设计院设计好的图纸建造出来并使其符合预期的企业。

土木工程施工类企业按照施工对象的不同可以分为房建施工企业和道桥施工企业。顾名思义，房建施工企业就是以房屋建筑为建设对象的企业，如学校、医院和商品房等，能形成内部空间，满足人们生产、居住、学习和公共活动等需求。同理，道桥施工企业就是以道路桥梁为施工对象的企业，根据选址规划、设计方案等资料，进行施工建造。

施工类企业一般具备以下特点：

★工作流动性强，一个工程少则几个月，多则一两年，完成之后工程技术人员就会变换工作地点，有些大型的施工企业工作地点的距离会非常远。

★施工对象的形式多样，建筑物因其所处的自然条件和用途的不同，结构、材料也将不同，施工方法必将随之变化，很难实现标准化，如居民楼和医院，走廊的宽度、层高的要求是会有一定差别的，进而施工方法也会有一定的差别。

★施工技术复杂，建筑施工常需要根据建筑结构情况进行多工种配合作业，多单位(土建、吊装、安装和运输等单位)交叉配合施工，所用的物资和设备种类繁多，因而施工组织和施工技术管理的要求较高。

★露天和高空作业多，建筑物通常体形庞大、生产周期长，施工多在露天和高空进行，常常受到自然气候条件的影响。

★机械化程度低，我国建筑施工机械化程度还有待加强，有些工作仍要依靠手工操作。从事施工的工程技术人员包括施工员、安全员、材料员等。

✣✣施工员

施工员是施工基层的技术负责人员和组织管理人员，负责施工现场的技术指导以及工人的管理。施工员需要监管工人按照施工图纸进行施工，需要检查柱子、梁、板截面里的钢筋数量及横截面积是否满足相关要求，钢筋的焊接是否牢固，混凝土有没有在规定的时间内完成浇筑，等等。施工员需要完成施工组织规划，需要在工程建造的过程中，编排不同工种的工作时间，使脚手架安装、钢筋绑扎等多个工种可以协调配合，按照不同的次序进行，节约施工成本，提高施工效率。施工员需要处理施工中出现的问题，需要对不严重的人为错误进行现场改正，如工人在绑扎钢筋时用错了型号，还需要与设计方沟通解决严重的错误。施工员需要与设计方、工人、甲方、政府监管部门等各个组织协调沟通，需要结合施工的实际情况与设计方沟通修改设计图纸。施工员需要编写施工日志、施工记录等相关的文件，需要详细地记录当天完成的工程量，有多少工人参与施工等。因此，施工员在工地的任务繁多，需要肩负很多的责任。

对于道桥施工企业来说，工作地点一般在野外，工作环境比较差，但是相比较而言晋升机会多一些。对于房建施工企业来说，工作地点基本上位于城市内部或者城市的周围，环境相对于道桥施工企业会好一些，但是晋升机会较少。目前国家正处于大力发展基础设施时期，需要大量施工员，行业竞争较小。

在工地做一定时间的施工员，积累一定的工作经验之后，会升任生产经理。生产经理的职责是组织同一项

目不同建筑物之间的施工员完成工作,如学校的施工,生产经理就要负责协调宿舍、教学楼等之间的施工,起到领导作用。再累积一段时间的工作经验,有可能会升任项目经理。项目经理要对整个工程负责,包括施工、安全、材料等问题,要确保整个工程顺利进行。

❖❖安全员

安全员是工地安全的第一责任人。施工中存在影响安全的不确定因素,如堆放在现场的钢筋、拆卸下来带有钉子的模板、电锯等施工工具,都可能造成施工事故。安全员最重要的任务就是需要巡视工地并确保不会出现施工安全问题。安全员需要做好对工人的安全教育,不同工程所需要重点注意的安全问题也是不完全相同的,如地下工程需要重点关注坍塌的问题,钢结构工程需要重点关注吊装的问题等。因此安全员需要针对不同的情况对工人进行安全教育,做好安全巡查记录,如记录遇到的施工安全问题及其解决办法。

安全员和施工员的工作环境相同,不同的是安全员不需要每时每刻监管着工地,其工作只是确保工地不会出现安全问题,因此相对而言技术含量并不是很高,工作比施工员要轻松一些,但是收入和晋升空间要差一些。

在从事安全员工作一定时间，累积一定的工作经验之后，会升任安全经理。安全经理的职责就是领导同一项目不同建筑物之间的安全员，以确保整个项目安全、顺利地进行。

✣✣材料员

材料员就是施工过程中负责清点材料和记录的人员。材料费用会占到整个工程造价的一半以上，因此材料员的工作是非常重要的。材料员在工程施工前要根据设计图纸的标注，统计并购买需要的材料，工程施工中要根据材料的使用情况对不足的材料进行补充，工程结束后要对材料进行清算，施工的整个过程要做好对材料购买以及使用的记录。材料员需要确保材料可以正常使用，对未使用的材料做好保护，如钢筋除锈、水泥防潮等。

材料员的工作环境与安全员基本相同，同样不需要时时刻刻监管着工地，工作的重心主要在材料记录上，技术含量和收入低于施工员，但是晋升空间较大，可以向造价工程师发展。

材料员累积一定的工作经验并考取相关证书之后可以晋升为造价工程师。造价工程师的主要职责是根据设计图纸在工程未开始之前预估工程需要花费的费用。

➡➡设 计

土木工程设计类行业可谓是近年来很受关注的行业了，大体上有结构工程师、总图工程师、岩土工程师、道桥工程师和绘图员等几类典型职位，在设计院（事务所）与房地产开发企业中都能见到这几类专业人员的身影。

✣✣结构工程师

结构工程师是设计院（事务所）及房地产开发企业的主要专业岗位之一，结构工程师的工作职责是建筑结构设计。结构设计是用建筑的结构元素，包括地基基础、竖向构件（如墙、柱、支撑）、水平构件（如梁、板）、交通构件（如楼梯、电梯）和细部大样等来组合成一个新的建筑物，然后对这一建筑的受力、承重等进行计算，使其符合建造要求，最后用这个建筑物的图纸来指导施工。结构设计的目标是技术先进、安全适用、经济合理、确保质量。

结构工程师的工作不像一般的施工类岗位一样，需要在室外环境中完成，因此结构工程师的工作环境还是相对较好的。结构工程师的薪资待遇在各专业人才中也属高位。一般情况下，同等资历的土木工程专业人员，做结构工程师要比做土建工程师等收入水平高一些。

但是想要做一名结构工程师，必须要从做一名合格的助理工程师开始。一般情况下，大学本科毕业到设计院只能从事简单的绘图工作，至少需要两年左右的时间才能相对独立地完成一部分设计任务，基本成熟需要8～10年的时间。

❖❖总图工程师

总图工程师的主要工作是与施工图打交道。总图工程师的工作量一般不大，一个项目的工作就是绘制一张总平面图。总图工程师的具体工作内容一般包括：民用建筑场地的设计和制图；居民区的总平面图、道路平面图、管线综合图的设计。简单来说，总图工程师的职责就是把各种建筑合理安排，要综合考虑国家规定的房屋之间的距离、工艺条件、节能降耗等因素。任何建筑的建造都离不开总图工程师设计的图纸，总图工程师与结构工程师不同的是，其所绘制的图纸是一个建筑场地的总平面图，而结构工程师则是具体到一个建筑的构件的设计。

总图工程师的工作环境同结构工程师一样，只需要在室内完成施工图的设计即可，工作环境较好，薪资待遇略高于结构工程师。

一般情况下，若是没有三年以上的工作经验是无法

独立承担总图工程师的设计任务的，因此，想要成为一名合格的总图工程师，必须要先做一名合格的助理工程师，积累足够的工作经验。当然，学历的要求也是必不可少的，学历越高，可能晋升的机会越多，职业发展的道路也更宽阔。

总图工程师属于稀缺人才，每年的毕业生均供不应求，在本专业人员无法满足需求的情况下，部分景观规划、环境艺术和建筑学等专业的人员改行从事总图专业设计，约50%的总图工程师来自这些相关专业。

❖❖岩土工程师

岩土工程师是结构工程师的一种，但专业相对专一，要求知识面较宽，既要有地质的基础，也要有力学的基础；既要有必备的理论素养，又要有解决工程问题的能力；既要会勘察，又要会设计。对应不同的工作单位，它有不同的岗位职责。对应于咨询公司，岩土工程师主要负责勘察、测试、设计、检验和监测等，其工作内容与数据、决策有关，个人的知识和能力对工程的效果起决定性的作用；对应于工程公司，岩土工程师主要负责岩土工程的实施和地质勘探等相关工作，针对不良地质情况提出可行、经济、快速的处理方案，能够独立完成深基坑开挖、边坡支护等工作。

岩土工程师的岗位职责决定了其工作有一部分是要在室外进行的，因此相对于结构工程师和总图工程师来说，其工作环境相对差一些，但是岩土工程师的收入较高。

对于岩土行业来说，该行业宽广的覆盖范围决定了该行业不断上升的发展趋势。中国“一带一路”倡议的沿线国家大多为发展中国家，人口密度大，城镇化水平较低，对基础设施的建设有大量的需求，从而拉动了我国岩土工程行业的出口需求。同时，未来现代化的岩土工程技术必然朝着数字化方向发展。

✣✣道桥工程师

道路桥梁工程师简称道桥工程师，它是对道路、桥梁、隧道工程进行规划、设计，制订施工计划并监督实施的职位。道桥工程师的岗位职责不仅包括对道路、桥梁、隧道的结构进行设计，而且包括施工计划的设计、施工现场的管理、施工质量的审核等。道桥工程师不但要有过硬的设计能力，还要具备一定的现场施工的管理能力。

道桥工程师的岗位职责决定了其工作场所包括办公室以及施工场地，收入较高。想要成为道桥工程师，必须具有相关专业大专及以上学历，一般都是先从助理道桥

工程师做起，从事一到两年的工作且通过助理道桥工程师的资格认证之后，方可晋升为道桥工程师。同样，若取得了道桥工程师资格认证且工作两三年后，则可晋升为高级道桥工程师。

我国的公路桥梁建设水平取得了很大的发展，特别是近十年来，我国大跨径桥梁的建设进入了一个辉煌的时期，一系列结构新颖、施工难度大、科技含量高的大跨径桥梁相继建成，这是道桥工程师努力的结果，道桥工程师今后的发展必然不可限量。

✣✣绘图员

绘图员是建筑设计企业最基本的技术岗位，一般对应于设计院，承担着设计院最基本的制图工作。具体工作为用绘图软件绘制建筑结构的平面图、立面图、剖面图和节点等的图纸，还要进行结构构件的受力、变形的计算等技术工作。

一般情况下，绘图员可分为三个级别：工作 3 年以内的为初级绘图员；工作 3～8 年的为中级绘图员；工作 8 年以上的为高级绘图员。设计院对绘图员的挑选是比较严格的，一般情况下，设计院喜欢接收有一定绘图经验的绘图员，以省去培养的时间和精力。绘图员的收入一般，要想有更好的发展，就必须跨越鸿沟，努力做一名工程师。

➡➡检 测

所谓结构检测，就是为了保障已建、在建的建筑工程的安全，在建设全过程中对与建筑物有关的建筑材料、建筑结构进行测试的一项重要工作。刚建成的工程是否能够满足设计预定的使用状态，房屋在使用过程中出现明显的裂缝还可否继续居住，这些情况需要结构检测企业来确定。检测类企业按照检测的对象不同分为房建检测企业和道桥检测企业。

检测类企业就职位来说一般只有检测员。检测员是指负责检测试验并在检测实施的过程中提供技术指导的工程技术人员。检测员要根据结构的类型选择合适的结构检测方式，对于房屋的检测和对于道桥的检测是不同的，因为房屋主要承受的是静力荷载，而道桥主要承受的是动力荷载，所以要选择合适的检测方法。检测员还需要对获得的数据进行分析，确定结构是否安全。

检测类企业的工作环境比施工单位来说稍好，除了去现场采集数据外，其余时间都在办公室，但是工作的流动性比较强，需要经常出差。现阶段而言，因为从事结构

检测的人员相对较少，该行业正处于上升阶段，所以无论从收入还是晋升机会来看，都有着非常不错的前景。

在检测类企业担任一定时间的检测员，累积一定的工作经验之后，表现特别突出者有可能会升任总工，总工属于检测类企业的管理层，监管着多个项目的进行。

➡➡监 测

结构监测是一门新兴的土木工程学科，与结构检测不同，结构监测是按照一定的频率对工程一直采集数据，来时刻监控建筑物关键部位的加速度、位移和外力等，保证建筑物一直处于安全的状态。

监测工程技术人员是指负责结构监测并提供技术指导的人员。需要根据建筑物的结构特点对传感器进行选型和布置，比如根据温度、湿度测点选择不同的加速度或速度传感器；需要对传感器进行安装，将传感器安装在既定位置；需要对数据进行采集、分析，通过传感器传过来的数据对建筑物进行监测。

结构监测的工作环境与结构检测相同，除了去现场采集数据外，其余时间都在办公室。结构监测是新型行业，发展速度非常快，国家非常重视这个行业，尤其是现在国内的工程难度越来越高,越来越多的工程需要结构监测,很多国企已经开始成立结构监测的分公司了,收入以及发展前途都非常好。

▶▶规划及预算方向

规划及预算在土木工程项目中也扮演着重要的角色,不论是项目前期的统一规划、规模布局和投资成本的计算,还是项目中后期的设计管理和组织协调,都需要具有相关专业背景的人员来负责。

➡➡规 划

规划设计主要是指城市规划,是为了实现一定时期内城市的经济和社会发展目标,根据城市的地理环境、人文条件、经济发展状况等客观条件,制订适于城市整体发展的计划,从而协调城市各方面发展,并进一步对城市的空间布局、土地利用、基础设施建设等进行综合部署和统筹安排。简单来说,城市规划如同一个发展计划,反映了该市对未来发展的憧憬和愿景。但是城市规划并不是一成不变的,需要依据城市的具体发展进程来进行动态调整,这就需要城市规划从业者来不断地完善。

❖❖规划设计师

规划设计师是从事规划设计工作的专业人员所能选择的最基础、最主要的职位之一，以建筑工程、道路交通、园林设计、旅游开发和文化产业等为重点工作方向，可以就职于政府的相关机构，城市规划设计研究院或其他科研院所，以及涉及建筑、景观、旅游等相关业务的中国企业或外资企业。

该职业的工作内容主要分为两大部分：第一部分是城市规划方案的设计和表现。对于一个具体的规划项目，大到某城市总体规划，小到居住社区规划，规划设计师都要依据现行的规划原则和设计规范，科学地思考、分析、运筹当前项目，提供合理有效的规划设计方案，在规范的约束下找到一个相对适合该区域的布局安排。如果整个项目比较庞大，初始规划设计方案较为粗糙，就需要对规划方案进行细化，即对规划方案进行划分，然后从局部来进行更加详细的设计，从而完善整个设计方案。但规划设计方案往往是由一整套图纸组成的，很难给客户一种直观的感受，方案表现则是熟练运用相关软件制作设计成果，并完成相关成果的表现与说明，二者相辅相成，共同增强规划方案的说服力。第二部分是方案汇报，具体是指用专业的语言介绍设计方案，包括面向客户的演讲以及面向政府有关部门的汇报。其关键在于清晰地传达整个团队的设计理念,让听众能理解所讲述的内容,从而更容易认可此设计方案。此外,还有一些辅助工作内容,如定期总结国内外同类项目在规划、设计方面的发展趋势和优秀案例,并形成专题研究成果报告,便于和业内优秀设计师进行交流等。

不同类型单位的工作内容可能差别不大,但是工作特点却各有不同。规模大、平台优的传统设计院不仅在接手的项目质量以及前瞻地位上有保障,并且项目可实施落地性强,便于新手了解和熟悉工作内容、工作流程以及如何与其他专业紧密配合,对于职业发展非常有利;而外企能较好地锻炼方案设计和前期策划研究能力,且设计、审美的水平都相对较高,适合有设计情怀的学生。外企工作氛围一般较为轻松,但需要适应中英文的工作环境,具有很好的与客户、顾问及同事沟通能力;房地产公司重视人才培养,大型企业的管培生竞争激烈,但综合能力能得到较好的锻炼与提升,后期的职业发展路线也较为明确。地产业是一个需要与政府、设计院、施工单位打交道的行业,因此接触面广泛,便于建立对社会的认知和自身交际圈,需要和上级沟通、下级协调,更多的是要学会以规划的思维进行管理。

规划设计岗的职位晋升路线一般为助理规划设计师、规划设计师、主创规划设计师、主任规划设计师、副总规划设计师以及总规划设计师。以某规划设计公司的主任规划设计师任职资格为例，其要求是城市规划及相关专业，有国内外大型设计机构工作经验或重点院校毕业、海外留学背景者优先；能独立承担重要项目的研究、设计工作，检查、审核下层技术人员的设计方案等。由此可见，规划设计行业并不是一个一蹴而就的行业。从业者需要积累大量的工作经验，满足一定的工作年限和学历要求方可一步步地升职。因此规划设计人员在学习和工作中要继续进修，不断用工作经历来锻炼和充实自己，这样既能为自己提供更大的发展空间，同时也能为社会建设贡献更多的力量。

➡➡预 算

预算是对工程项目在未来一定时期内的收入和支出情况所做的计划，是通过货币形式对工程项目的投入进行评价并反映工程的经济效益。工程项目从开工到竣工要求全程预算，包括开工预算、工程进度拨款、工程竣工结算等，不管是投资方还是施工单位，或者第三方造价咨询机构，都必须拥有自己的核心预算员。

✣✣预算员

预算员的工作是对某一工程项目最终完成时所需的人工、材料、机械等开支以及税收、利润进行统计。一个工程项目从开始规划到最终建成要分成多个步骤，因此不同类别的单位所要求的工作内容有些许差别，故结合具体案例来阐述对应单位的工作内容。

以某房地产公司将在某市进行房地产开发活动（如建设小区）为例介绍如下：

第一步是该市政府和房地产公司之间的对接。因为房地产公司进行开发的前提是取得建设用地，这就要求房地产公司的预算员进行拿地测算，主要是计算取得房地产项目土地使用权而发生的成本（如土地成本、拆迁成本等）、其他费用（如管理费用、营销费用等）以及相应的增值税，在此基础上进行目标成本的编制和合约规划的编制，然后房地产公司根据以上信息和政府进行沟通。

第二步是房地产公司和施工单位之间的对接。房地产公司在取得意向土地之后就会开始准备建设，这时需要选择一家施工单位来承包工程项目，但是这种选择并不是一对一的，而是一对多的，即房地产公司邀请多家施工单位来竞争，从中选出性价比最高的一家。因此施工

单位的预算员首先需要负责工程前期的投标报价工作，即施工单位的预算员要对这个项目进行报价。但是报价不能太高，因为报价太高会导致和其他投标的施工企业相比没有竞争力，容易失去承揽工程的机会；同样报价也不能太低，否则即使公司承揽了这个工程项目，但由于低于正常施工价格，也会面临亏损问题。因此只有把整个工程项目的承包价格经计算后控制在一定范围上，才能让公司既有机会承揽工程又能实现盈利。

第三步是在整个建设施工过程中，施工单位的预算员还要参加施工图纸会审。因为预算员需要依据图纸进行成本核算，进而提供工程量及材料预算价格明细表。但是一个工程项目少则数年，多则十几年，时间跨度非常大，因此预算员还要定期编制施工进度产值并进行进度成本报审等。待工程完工后，要进行最后的结算，即把工程施工过程中现场图纸施工范围内、签证单及变更等所有内容，形成纸质版报审资料，上报甲方即房地产公司并与甲方审计员进行核对。

若一些房地产公司和施工单位没有自己的预算部门，或自己的预算员不具备相应的资质，从未做过某类型项目，则可以把对应的工作委托给造价咨询公司来完成。造价咨询公司主要负责提供第三方服务，它既可以承接甲方的编制标底预算、施工过程跟踪审计、审核工程结算等，又可以给施工方编制投标预算、工程结算等。因此造价咨询公司的预算员需要对工程项目所有环节的计算有所掌握，而各环节的具体工作内容和上段所讲述的大同小异。

▶▶质量监督及工程监理方向

工程监理是指具有相应资质的工程监理企业接受建设单位(房地产公司等)的委托，承担其项目的管理工作，并代表建设单位对该项目的各个方面进行监控，相应的关系如图 56 所示。监理行业一般在建设单位的委托下对施工单位进行监督监理。监理的主要工作是对工程进行质量控制：在施工前，应对工程进行认真审核；在施工过程中，采取旁站、巡视和平行检验的方法对工程质量进行监督；在施工后，让承包单位自检、互检和专检，最后由监理方确认。这样就会通过层层把关和及时整改，最大限度地避免质量问题的发生。

工程监理包括工程建设的投资控制、建设工期控制、工程质量控制、安全控制、信息管理、工程建设合同管理以及协调有关单位之间的工作关系等工作。在合同管理方面，包括提醒建设单位履约、合理解释合同条款、公证

处理工程变更、组织工地会议、三大目标（工程质量、进度、造价）的控制和档案记录工作；在工程质量控制方面，审查施工技术方案，检查材料，验收和评定项目工程等；在进度控制方面，审查进度计划，定期检查工程进度，提出进度控制措施等；在造价控制方面，计量实际完成工程量，审查进度付款，审查工程变更的价款等。

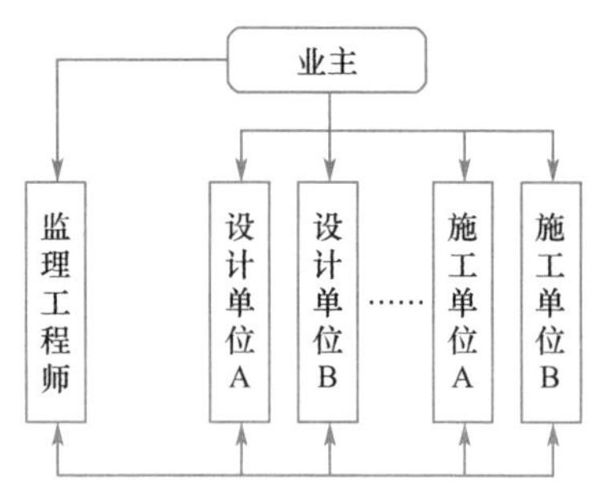

图 56　监理工程师与其他单位的关系

监理工程师是指经过全国监理工程师职业资格统一考试合格，取得监理工程师职业资格证书，并经注册从事建设工程监理工作的专业人员。

➡➡总监理工程师

总监理工程师简称总监，是一个工程项目中负责监理工作的现场总负责人。总监理工程师的职责并不需要具体到每一个方面的管控，而是组织项目监理机构，确定人员岗位职责，全面负责监理机构的日常工作。简而言之，总监的作用就是指挥。

总监理工程师的工作性质决定了他的工作环境一般是在室内，而且薪资待遇也相当可观，年终奖丰厚。总监理工程师是监理行业的最高职位，想要到达这个职位，一般需要很长时间的历练。总监理工程师必须通过全国注册监理工程师考试，而且具有高级工程师以上职称。

➡➡专业监理工程师

专业监理工程师的工作是在总监理工程师的指导下，巡视检查施工现场，定期向总监理工程师报告监理工作的实际情况。专业监理工程师只负责某个单一的专业，比如工程质量控制或者造价控制等某个方面。

想要担任专业监理工程师，除了要有建筑类、土木类等相关专业大学专科及以上学历外，还要具有 2 年以上的工程监理工作经验。

➡➡监理员

监理员是指经过监理业务培训，具有土木工程相关专业知识，从事具体监理工作的人员，主要负责学习和贯彻有

关建设监理政策。监理员的岗位职责是在专业监理工程师的指导下进行质量监督、检测和计量等具体监理工作。

▶▶公务员、教学及科研方向

公务员制度改革为普通大学毕业生打开了进入机关工作的大门，道路桥梁、建筑行业的飞速发展使得土木工程专业师资力量的需求随之增大，政府机关、高校和社会各界的科研机构对高学历、高水平专业人才的需求也不断增多。公务员、教学及科研方向的代表职位有公务员、教学工作者和科研工作者等。这类行业的工作比较稳定，工作环境相对较为舒适，工资待遇较高，但竞争激烈，需要求职者具有较高的学历、专业水平和普通话水平。随着我国教育的发展和学术水平的不断提高，应聘此类行业的毕业生的学历也不断提高。想要从事此类行业，一方面在校期间要学好专业课，使自己具有较高的专业水平；另一方面要注意理论知识的学习和个人的综合素质培养，使自己具有较高的普通话、外语、计算机水平和较强的应变能力。

➡➡公务员

公务员是指在各级政府机关中，行使国家行政职权，执行国家公务的人员。我国将公务员纳入国家行政编制，是由国家财政负担工资福利的工作人员。随着土木工程行业的发展壮大，我国各级政府机关对土木工程专业的人才需求也不断增多。报考公务员有国考和省考之分，国考是中央机关及其直属机构招人，由国家统一组织实施；省考以省为单位，属于省内招录行为，由对应省份的省委组织部组织实施。对于土木工程专业的人才，我国各级政府机构都有相关职位的人才需求，主要包括：

中央机关及其直属机构有中央办公厅下属中共中央直属机关事务管理局，主要从事建设项目的前期规划，撰写各地基本建设的投资计划，如铁路、公路的规划，城市桥梁、隧道、地铁、房建的规划设计，城乡规划与协调发展的相关部署，工程施工期间的管理以及政府办公大楼及房屋修缮等工作；中国民主促进会中央委员会（民进中央）下属办公厅，主要负责固定基础建设资产的管理，机关基础建设、维修改造项目的文件整理、下发通知等；中国地震局直属各省（自治区、直辖市）地震局，主要从事地震监测和预报、记录、整理、备案，参与防震减灾政策法规的研究与制定，以及包括地震应急救援、地震综合业务管理工作；交通运输部直属各省（自治区、直辖市）邮政管理局，主要参与我国交通运输规划的设计及管理、基础类建设项目的设计、规划、预算和管理等工作；国家铁路局直属各省（自治区、直辖市）铁路监督管理局，主要从事监督

和管理铁路运输的安全，监督铁路运输设备产品质量的安全，研究分析铁路安全形势、存在的问题，提出改进安全工作的措施要求并监督实施等工作；海关总署直属各省（自治区、直辖市）海关，主要从事海关基建管理、工程建设等工作；等等。

➡➡教育工作者

教育工作者又称教师，既是文化科学知识的继承者和传播者，又是学生智力的开发者和个性的塑造者。教师工作质量直接关系着年轻一代身心发展的水平和民族素质提高的程度，从而影响着我国土木工程行业的发展和国家基础设施的建设。教师的职责是为学生授业解惑，在各高校、大中专院校里的土木工程专业教师，主要教授的课程有：土木工程概论、土木工程材料、桥梁工程、道路工程、隧道工程、理论力学、材料力学、结构力学、流体力学、土力学、弹性力学、工程地质、画法几何与工程制图、基础工程设计原理、土木施工工程学、建筑材料、混凝土结构、钢结构、房屋结构、桥梁结构、地下结构、测量学、道路勘测设计与路基路面结构和施工技术与管理等。教学实践方面包括带领学生测量实习、工程地质实习、专业实习、生产实习、课程设计、毕业设计或毕业论文等，在学习土木工程实验课中，教师带领学生熟悉并操作实验设备，进而深入地了解课程内容。

➡➡科研工作者

科研工作者也称为科研人员，是具备土木工程科学专业知识并从事科学研究工作的高级知识分子。研究可以是调查研究或实验，也可以是现象分析，从事工程技术开发、科学研究、社会调查研究等的人员都可以是科研人员。土木工程行业的科研工作者，就是在学好土木工程专业知识的基础上，通过运用、实验和实践，解决土木工程从建设到使用过程中的一系列问题。问题的种类有很多，可以是理论的问题，也可以是实际的问题。例如，建筑结构在地震中易发生损伤乃至破坏，为了提高结构的抗震能力，可设置附加减震器。如何设置减震器，使其在适当的时刻提供足够的抗力或者耗能能力，属于建筑结构抗震减震的科研问题。桥梁在运营过程中会发生裂化，进而影响行车安全与桥梁结构安全，需对桥梁结构进行实时监测，提前预警，其监测手段、数据分析、监控指标和预警阈值属于把握桥梁安全的科研问题。

截至 2020 年，我国共有 188 所大学开设土木工程专业，具有“硕士授权”的高校共 92 所（招收土木工程专业硕士研究生），其中有 45 所高校具有“博士授权”（招收土木工程专业博士研究生）。这些高水平的高校都有自己

的研究所和实验室，是我国经济技术发展的重要科研单位群体。高校教师同时也是科研工作者，教学的同时也在土木工程科研方面贡献着力量，同时也为国家培养出无数优秀的学生。除了高校研究生院，我国中国科学院、中国工程院等政府机构下还设有一些研究院、科研所等科研机构，组织土木工程专业的高学历知识分子共同从事科研攻关。另外，大型建筑单位、施工单位也设有自己的科研所。科研工作者的职称与等级划分见表2。

表2　科研工作者的职称与等级划分

序号	科研人员		实验人员	
	职称	级别	职称	级别
1	研究员	正高级	高级实验师	高级
2	副研究员	高级	实验师	中级
3	助理研究员	中级	助理实验师	助理级
4	研究实习员	助理级	实验员	员级

科研单位的科研工作者的职称评定除了依据工作年限，更多的是依据科研成果和获奖情况综合进行的。从研究实习员开始，先实习半年以上，转正后就是助理研究员；然后单位根据工作年限和学术资质，决定是否评上副研究员；再经过一定年限的积累，根据科研业绩来确定是否晋升为研究员。

土木工程的未来发展

危楼高百尺，手可摘星辰。

——李白

土木工程是一门古老的学科，科技的进步给土木工程带来了新的发展机遇，土木工程可持续发展的需求为土木工程的未来指明了发展方向。地球上土木工程建设所需的自然资源是有限的，如何利用有限的自然资源满足未来土木工程建设的需求将成为实现土木工程可持续发展亟待解决的关键问题，而如何减轻工程建设对环境的破坏为土木工程的未来发展提出了更高的要求。加强土木工程新型材料的研发、开辟新的建设空间成为土木工程未来发展的突破口，也将引导土木工程向绿色节能

环保、减少污染物排放、降低工程造价的方向努力。进入21世纪以来,计算机技术和人工智能技术的飞速发展对土木工程项目从施工到运营全生命周期都产生了深远的影响,土木工程规划和设计、装备和施工、运维和管理等领域正向着智能化、自动化的方向发展。

▶▶新型土木工程材料

随着土木工程长期建设对自然资源的不断消耗,土木工程所需要的自然资源的储备量不断地减少,开采自然资源过程中对生态环境造成了不同程度的破坏。新型土木工程材料正朝着高强、绿色材料的方向发展。高强材料不仅可以减少材料使用量,还能提高工程结构质量,更能减少日后因频繁维修带来的花费;使用绿色材料替代传统材料,可以提高土木工程建设的环保性,促进土木工程的可持续发展。

➡➡高强材料

高强材料指的是在强度上明显高于普通材料的新型材料。虽然混凝土与钢材是现代土木工程的主要建造材料,但它们有限的强度也制约其更为广泛的应用。高强混凝土和高强钢材的出现使得突破限制成为可能。

✣✣高强混凝土

与普通混凝土相比，高强混凝土的使用可以有效减小混凝土结构尺寸，降低结构自重，减少材料用量，并且可以提高耐久性，延长使用寿命，降低维修成本。高强混凝土以高强度水泥和优质集料为基础，通过控制加水量、强烈振捣密实的方式，辅以外加剂制备。高强混凝土的应用始于20世纪60年代，美国芝加哥是最早推广应用高强混凝土的城市。1974年，当时世界上最高的混凝土建筑——芝加哥水塔广场大厦使用了抗压强度为62兆帕的高强混凝土，如图57所示。目前世界第一高楼迪拜哈利法塔的混凝土部分使用了抗压强度为80兆帕的高强混凝土。在国内，辽宁省沈阳市是最早大规模使用高强混凝土的城市，沈阳富林大厦(2001年)、皇朝万鑫大厦(2004年)均使用了抗压强度为100兆帕的高强混凝土。2014年建成的上海中心大厦混凝土抗压强度达到了120兆帕。在桥梁工程领域，万县长江大桥、杭州湾跨海大桥也使用了高强混凝土，分别如图58与图59所示。虽然高强混凝土在我国工程中的应用不乏很多成功的实例，但是我国每年高强混凝土的累计用量不足所有混凝土年产量的1%。基于高强混凝土的发展前景，未来在此方面必将加大投入，进一步促进这种新型材料的工程应用。

图 57　芝加哥水塔广场大厦

图 58　万县长江大桥

图 59　杭州湾跨海大桥

❖❖高强钢材

高强钢材通常是在优质碳素钢的基础上加入一些合金元素而形成的低合金高强钢材，这些合金元素包括硅、锰、铬、钒、钛等（总含量一般不超过 5%），合金元素的加入能显著提高钢材的强度，同时提升其抗腐蚀、耐磨、抗冲击等性能。通过高强钢材的微观结构可发现高强钢材在铁素体基体中还保留着残余奥氏体、马氏体和贝氏体等坚硬组织成分。由于高强钢材的优异的性能，它可被轧制成各种型钢、钢板、钢筋及钢管，被广泛应用于钢结构和钢筋混凝土结构中，特别是大跨度体育场馆、高层建筑物和大跨度桥梁，典型的工程结构如为2008北京奥运建设的国家体育场(俗称“鸟巢”)，如图60所示。相对于普通碳素钢，低合金高强钢材还存在冷裂敏感性较大等问题，需在未来对高强钢材开展进一步研究，以充分发挥高强钢材的优势。

图60　采用高强钢材的国家体育场

➡➡绿色材料

✣✣生物沥青

相较于传统的以石油提取物作为主要原料的石油沥青，生物沥青是指以林业资源、城市垃圾以及动物排泄物

等生物资源,经过液化以及分离制备的沥青类材料。生物沥青具有来源广泛、成本低廉、绿色无污染、可再生等优势,可作为石油沥青的一种可持续性替代材料。生物沥青目前主要有三个应用方向:一是完全作为石油沥青的替代材料(100%替代);二是作为石油沥青延展剂(25%~75%替代石油沥青);三是作为石油沥青的性能改良添加剂(通常替代率<10%)。我国生物沥青的原材料资源丰富,可供开发利用的生物沥青的原材料资源按能量折合约等于7.5亿吨标准煤。

❖❖竹材

竹材具有生长周期短、力学性能优异等特点,曾作为最古老的房屋建筑材料之一被广泛使用,是一种集力学与美学为一体的优质绿色建材。虽然原竹材料在土木工程建设的历史发展中因为强度不足、易腐蚀、易开裂而被逐渐淘汰,但为了利用其环保、轻质高强的优点,现代科技又赋予了它新的生命。现代科技解决了原竹材料防腐、防蛀、防开裂、防霉等问题后,其生长周期短、质轻、抗震性能好等优点愈加凸显。原竹材料在大跨度设计上也取得了突破性进展,北京国际竹藤馆单拱跨度达到32米,如图61所示;越南山萝圆顶礼堂最大圆顶高达15.6米,如图62所示。随着竹集成材与竹重组材技术的发展，竹材通过加工还可以制成梁、板、柱等结构构件，能够做到定型化、标准化，通过工厂预制和现场装配化施工，可以大大减少湿作业量，提高施工速度，实现建筑技术的集成化、产业化和工业化。因此，竹材在我国这样一个原竹分布广泛的国家具有广阔的发展前景。

图 61　北京国际竹藤馆

图 62　越南山萝圆顶礼堂

▶▶建设空间的发展趋势

随着城市的快速发展，城市规模在持续扩大，城市人口也在不断增多，大多数城市都面临土地资源紧张、交通拥堵及人居环境与公共服务恶化等问题。这些问题对城

市居民的生活造成不利影响，也成为现代城市可持续发展的最大阻碍。开发更加广阔的建设空间是解决这些问题的有效途径。土木工程未来可开发的建设空间有高空、地下空间、沙漠、海洋以及外星球。

➡➡向空中延伸

地面资源终究是有限的，但空中的资源却还未得到充分的利用，土木工程向空中延伸是未来的一大发展趋势。如今，城市人口越来越多，城市中可用的陆地空间越来越小，高层建筑是解决城市化后人口拥挤问题的有效途径。目前世界上最高的人工建筑物是828米高的迪拜哈利法塔。在世界的各个角落，高层建筑在不断地拔地而起，每年都会有许多高层建筑完工。即便是受到新冠疫情影响的2020年，全世界也建成了106座200米及以上高度的建筑。其中，中国建成200米及以上的建筑为56座，超过了全世界一半的数量。目前，中国尚有武汉绿地中心（高度为475米）等超高层建筑在建，其效果如图63所示。世界范围内，沙特Jeddah Tower（预计高度超过1 000米，如图64所示）、迪拜Creek Tower（预计高度超过1 300米，如图65所示）等超高层建筑也正在不断突破土木工程的高空极限。

图 63　武汉绿地中心效果图

图 64　沙特 Jeddah Tower 效果图

图 65　迪拜 Creek Tower 效果图

➡➡向地下发展

与高空类似，地下空间也是解决城市化的有效途径之一，开发地下空间对于节省土地资源乃至减缓城市交通压力都有着极为积极的作用。建设地下商业街是一种比较成熟的地下空间开发方式，目前世界上规模较大的地下街是日本东京八重洲地下街。莫斯科切尔坦诺沃住宅小区的地下商业街深度在100米左右。此外，综合性的地下交通也是地下空间开发的一大方向。美国Boring公司在加利福尼亚州洛杉矶提出一个前瞻性的地下交通项目，如图66所示。在该项目的设想中，这是一个服务于城市文体活动的综合性交通系统，以市内的道奇体育场为中心，当棒球赛或演唱会在此举办时，可以将观众从洛杉矶、好莱坞或兰帕特村社区直接运送到现场。可以预见进一步开发地下空间是未来解决城市交通拥堵的一个有效途径。

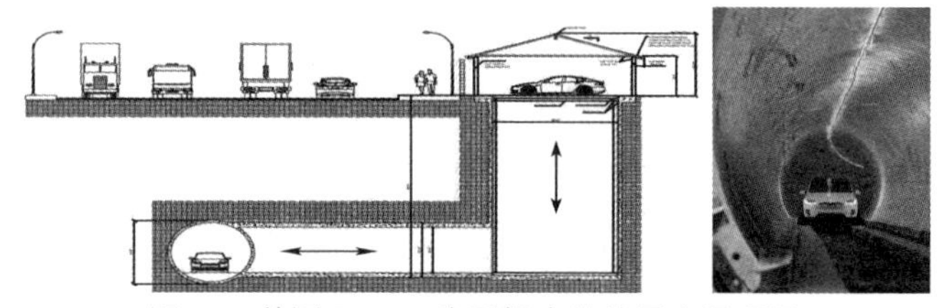

图66　美国Boring公司提出的地下交通项目

➡➡向沙漠进军

沙漠是大家既耳熟能详又较为陌生的领域之一，生命禁区、死亡之海的名号给这种地貌披上了一层神秘的面纱。全世界有超过30%的陆地表面被沙漠覆盖，同时每年约有600万公顷的耕地被沙漠侵蚀。因此，沙漠的改造是一项有益于全人类福祉的重大课题，改造沙漠首先必须有水，想要有水就必须建设相应的输水管道，在此基础上才能进行绿化和沙土改造。针对缺乏邻近水源的沙漠地区，科学家正在研究使用沙漠地区太阳能淡化海水的可行方案，该方案一旦成功落地，将会启动近海沙漠地区大规模的建设工程。我国在这方面也积极跟进，沙漠输水工程试验取得成功，自行修建的第一条长途“沙输水”工程全线建成试水，顺利地引黄河水入沙漠。俗话说，“要想富，先修路”，便利的交通是一个地区能够快速发展的基础，没有交通系统的地区终究难以获得长足的发展。建设中的 S21 项目是全国首条“交通＋旅游”深度融合的沙漠探险旅游高速公路，如图 67 所示，它的大部分路段穿越新疆古尔班通古特沙漠，先后经过福海县、昌吉州、五家渠市，终点与乌鲁木齐西绕城高速公路连接，路线全长为 342.538 千米，建成后将为“一带一路”打通一条交通要道。

图 67　建设中的 S21 沙漠高速公路

➡➡向海洋拓宽

地球实际上是一个大“水球”，海洋面积约占总面积的70%，陆地面积仅占约30%。因此，对海洋资源的有效利用对土木工程的空间扩展具有重要的意义。为了利用海上空间，让建筑能够“漂”在水上，人们需要为建筑建造一个地基——人工岛。广义上的人工岛历史悠久，最早可追溯至史前时期古凯尔特人的湖上住所。现代意义上的人工岛则囊括了多种功能，如兴建深水港、机场、大型电站或核电站等，还可以建造海上公园，甚至一座海上城市。海上机场的建设是人类探索海洋基础设施建设的重要一步，能够避免机场噪声对城市居民的影响，也节约了宝贵的陆地资源。近些年来，我国在海洋建设空间探索方面取得了一定的成绩，如上海南汇滩和崇明东滩围垦，以及黄浦江外滩的拓岸工程等。既然可以将大规模建筑群移到海面上，那么在海面上兴建一座城市也不是天方夜谭。2017年，法属波利尼西亚政府与美国海洋家园研究所签署了设计与建造一座海上城市的合约，计划建造一座可移动的拼接式海上城市，如图68所示。在初期设想中，这是一座可以独立存在、实现内部能量循环的建筑集群。在海平面逐渐上升的未来，建造这样的海上城市会成为一个新的选择。

图 68　海上城市设想图

➡➡向太空迈进

自苏联宇航员尤里·阿列克谢耶维奇·加加林第一次进入外太空以来，那闪烁着群星的星辰大海就一直吸引着人类前去探索。在今天的科技条件下，发展地外居住地对我们来说早已不是科幻作品里的内容。基于近代宇航事业的飞速发展和人类登月的成功，人们发现月球上拥有大量的钛铁矿，而在 800 ℃高温下，钛铁矿与氢化物便能够合成铁、钛，以及产生生命必需的水和氧气。美国政府已将在月球上建造月球基地的计划提上日程，如图 69 所示，并期望通过这个基地为人类登陆火星打下基础。1985 年，美籍华裔科学家林铜柱博士就已经指出月球上具有制造混凝土所需的全部原料，加上月球本就富有的铁矿资源，可以在月球上建立钢筋混凝土工厂与配件装配基地，并以此为基础向着更加深远的外太空进行探索。

图 69　月球基地概念图

▶▶智能规划与设计

土木工程行业的诸多建筑，小到人们平时居住的房屋，大到跨越海峡的大桥，虽然建设规模有所差异，但它们都具有建设成本高、建造流程复杂、具体细节难以复制的特点。设想，在一座大桥建造之前，它的设计者如何知道它建成后的样子？而它的建造者又如何准确理解设计者的意图，并成功将其带入现实？在计算机时代来临之前，这些问题的答案是厚厚的一沓图纸、复杂的设计文件和烦琐的多部门沟通。随着计算机性能的提升、网络建设的逐步完善，传统土木工程行业中抽象、复杂的设计信息都有了“上网”的机会。网络给土木工程行业提供了一个能够详细展示信息的平台，而虚拟现实（Virtual Reality，VR）技术和建筑信息模型（Building Information Modeling，BIM）技术则为这些信息的展示提供了有力的技术支撑。

➡➡虚拟现实(VR)技术

VR 技术可通过多种软件系统和硬件设备来完成对于某一种现实世界场景的虚拟再现,具有沉浸式、交互性和虚幻性三种特征。借助 VR 技术能够有效模拟人在自然环境中的视、听、动等效果,目前市场上已经出现了许多较为成熟的消费级 VR 设备,比较有代表性的有谷歌纸板箱(Google Cardboard)和微软全息透镜(Microsoft Hololens)。

VR 技术最早出现并应用于军事领域。目前,在影视、游戏等行业,VR 技术已经获得了较为广泛的应用。其表现为把抽象、复杂的计算机数据转化为直观的、用户熟悉的空间事物。电影《头号玩家》就展现了这种技术的一项应用前景。在当下,受限于硬件设备和软件平台的发展,VR 技术尚未完全展现出其发展潜力,而在可预见的将来,这种技术也必将在建筑与土木工程领域获得更加广泛的应用。

正如大家所认知的,土木工程行业是一个高投入、高专业性且有一定风险的行业,基于这些特点,VR 技术在土木工程行业的应用主要体现在建筑的模拟设计、模拟施工、模拟工程管理等方面。接下来看看 VR 技术是如何将抽象转化为现实的。首先是建筑设计阶段,大家所

熟悉的房屋建筑在建成之前不过是设计师头脑中的构想，是存在于平面图纸上的一堆线条，如图70所示，受限于传统平面图纸的约束，设计师的奇思妙想很难在设计阶段成功落地，更无法对现有的设计推陈出新。而借助VR技术系统及设备，原本躺在纸上死气沉沉的线条就会活起来，成为人能够感知到的具体三维形象，如图71所示。在VR技术创造的虚拟世界中，建筑的形式不必受任何限制，因此现代建筑师可以突破空间限制直观地展示设计理念和建筑美学，尽情地展现大胆的创意和神奇的构思，塑造并优化创作成果，使其创作成果达到传统创作方式无法比拟的新境界。在此基础上，再进行优化设计会使得建筑形式的创新更加容易实现。

图70　传统建筑图纸

图71　VR世界中的建筑结构

VR技术在施工阶段同样有着广阔的应用。在现实中，工程项目的施工是一个动态过程，涉及工序细节甚多，并且工序间环环相扣，小到一根梁、一根柱子的浇筑，大到建筑整体的竣工验收，任一环节发生的错误往往会影响整个工程的效率和质量。因此，在正式施工之前进行施工模拟有利于减少风险。VR 技术则为工程施工的模拟提供了极佳的技术基础。从一项工程的竞标期开始,就可以将相关数据输入系统,由高度智能化的系统为工程做出施工方案预览,并计算出实施该方案的成本,为施工单位报价提出有力参考。如此一来,可以使施工单位掌握工程的主动权,给出万无一失的施工方案和实惠的报价,同时降低施工过程中可能存在的风险。

VR 技术已经在多项工程项目中得到了成功的应用,例如洞庭湖大桥的景观设计项目。在洞庭湖大桥的设计方案中,施工单位首先采用 VR 技术中的 3D 全息技术结合洞庭湖的地理位置和景观特征构建了三维模型,并以三维动画的方式向招标单位提供了漫游式的虚拟体验,如图 72 所示。在该虚拟场景中,客户只需轻轻单击鼠标,就仿佛身临其境,在电脑屏幕上的移步换景,为客户提供了十分逼真的全息预览,使其能够以直观的方式看到工程竣工以后的效果。不仅如此,设计人员还可以通过计算机建模对大桥周围的景观进行适度的美化,更好地烘托出桥梁工程的美观。此外,设计人员还可以现场解答招标单位的疑问,同时针对其具体要求对施工方案和景观设计做出修改。

至此,我们可以认识到,VR 技术是集输入与展示、设

计与施工等多种功能为一体的应用技术。但是,面对如此海量的信息,如何让技术人员与非专业人员都能迅速在其中找到自己所感兴趣的内容,以及如何做好信息的管理与利用使得整个体系更加优化?由此,BIM 技术应运而生了。

图 72　洞庭湖大桥 VR 图景

➡➡建筑信息模型(BIM)技术

BIM 技术是建筑学、工程学及土木工程的新工具,“建筑信息模型”一词由该技术的开发公司之一 Autodesk 所创,这是一种将建筑相关信息集成到一个整体模型上的技术。该技术以三维图形为主,以系统中的物件为导向,是一种涵盖了所有与建筑行业有关的电脑辅助设计方法。

一个建筑工程项目所包含的信息十分庞大且复杂,在用平面图纸表达的年代,仅与土建施工有关的图纸便包括建筑施工图、结构施工图、梁柱详图等，而这些仅仅能够构成建筑的骨架，房建工程中的设备安装、内外装修等工序则更复杂。这就造成了平面图纸的查阅极其不方便，以及各部门之间的交流沟通十分困难。随着计算机的普及，一类以 Revit 为代表的 BIM 软件逐渐进入了工程人员的视野，实现了在软件端获得建筑项目的 3D 展示效果，它相比原来的平面展示更加直观，如图 73 所示。通过 BIM 构建模型以及展示图像，可以实现高度保真的演示效果，例如利用软件构建逼真的某商业综合体虚拟现实全景展示效果，如图 74 所示。

图 73　三维模型展示效果图

图 74　某商业综合体虚拟现实全景展示效果图

如果说VR技术带给了工程人员身临其境的感觉，BIM技术则使工程人员不仅能够在感官上直观地感受到外形和尺寸等信息，而且能够像看书一样随心所欲地翻阅隐藏在建筑物外表下的信息。从建筑材料的具体成分，到建筑内部的管道走向，都可以在BIM系统中找到。BIM技术在土木工程中的应用让施工人员对设计的理解变得更加准确与直接，对设计施工效率的提高大有裨益。中国大运河博物馆项目便应用了BIM技术，项目部在项目建设中利用BIM技术的可视化功能，改善沟通环境，增加建筑的真实性及体验感，提高了工程施工效率。在该项目中，BIM技术被运用在图纸优化、项目流程的整体控制等环节中。通过对比BIM技术优化前、后的设计模型，如图75与图76所示，可以看出BIM技术的使用对于设计模型的优化有着极大的帮助。对于未来越发复杂、精细的土木工程建设项目，其设计、施工、管理环节必然不能够由各部门人员之间的简单沟通完成。BIM技术的出现为未来的土木工程设计、施工管理、结构健康状态监控提供了一个高效的平台，是土木工程未来发展的重要方向。

VR技术与BIM技术的特征相似，优势互补，将两者结合使用实现了“1+1>2”的效果。虽然这类应用在国内刚刚起步，但在不远的未来，“BIM＋VR”的规划—设计—施工—管理模式必将成为行业常态，传统的土木工程行业也许会因此实现成功的转型。

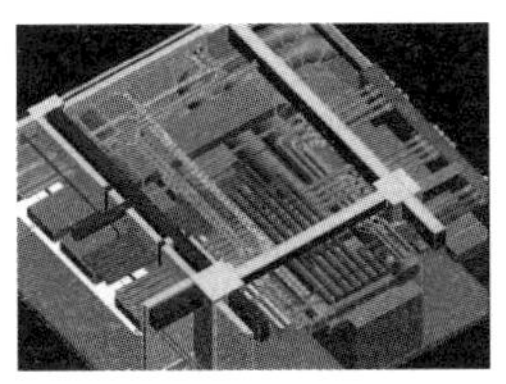

图 75　BIM 技术优化前的设计模型

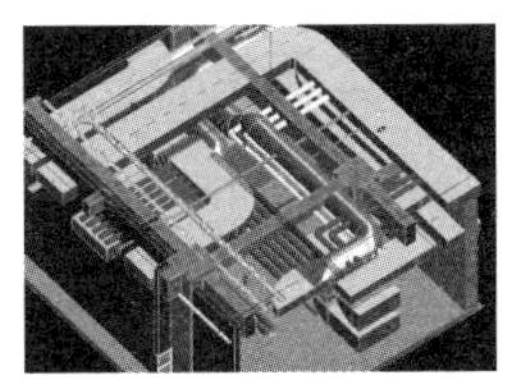

图 76　BIM 技术优化后的设计模型

▶▶智能装备与施工

进入 21 世纪后，在大数据、“互联网＋”、深度学习算法和类脑芯片等技术的推动下，我们的社会进入了以计算机技术为基础的智能时代。在此背景下，建筑行业为了提高生产效率，需要与计算机技术积极结合，以促进智能化装备在建筑行业的应用以及智能化施工的发展。例如，可根据数字化的几何信息，借助先进的数控设备或者 3D 打印技术对构件进行自动加工并成型；可采用计算机

控制的机械设备或机器人，根据指定的建造过程在现场对构件进行高精度的安装，这些都是建筑行业中智能装备与施工的范例。

➡➡建筑3D打印

3D打印技术是制造业领域正在迅速发展的一项新兴技术，号称是具有"工业革命级"意义的制造技术。3D打印技术是指通过连续的物理层叠加，逐层增加材料来生成三维实体的技术。传统的减材制造一般是在原材料基础上，使用切割、磨削、腐蚀、熔融等办法，去除多余部分得到零部件，再以拼装、焊接等方法组合成最终产品。与传统的去除材料的加工技术不同，3D打印属于增材制造，不需要毛坯和模具，直接根据计算机图形数据，通过增加材料的方法生成任何形状的物体，简化产品的制造程序，缩短产品的研制周期，特别是对于一些个性化的产品，能够有效提高效率并降低成本。

3D打印机是3D打印的核心装备，它是集机械、控制及计算机技术等为一体的复杂机电一体化系统，主要由高精度机械系统、数控系统、喷射系统和成型环境等子系统组成。日常生活中使用的普通打印机可以打印计算机设计的平面物品，3D打印机与普通打印机的工作原理基本相同，只是打印材料有些不同。普通打印机的打印材料是墨水和纸张，而3D打印机内装有金属、陶瓷、塑料、砂等“打印”材料，打印机与计算机连接后，通过计算机控制可以把材料一层一层叠加起来，最终将计算机上的蓝图变成实物。

国内3D打印技术的发展十分迅速，2019年1月12日，一座长26.3米、宽3.6米的拱桥在上海科普公园落成，如图77所示，这座看似普通的桥，其实拥有很高的技术含量。不同于一般桥，它是使用3D打印混凝土技术分别打印出桥梁各个部件，并运用现代施工技术拼装完成的。3D打印建筑物的材料不仅包括混凝土，也可能是树脂材料、特种水泥材料或者镁质胶凝材料。建筑3D打印技术的应用对新的建筑材料存在特殊化要求，因此要关注建筑材料的科学选择与及时更新，在满足建筑行业应用需求的基础上，将新建筑材料投入实际工程的3D打印。

图77　3D打印的拱桥

➡➡建筑机器人

建筑机器人是指自动或半自动执行建筑工作的机器装置，其可通过运行预先编制的程序或按照人工智能程序制定的规则进行运动，协助或替代建筑人员完成建筑施工工序，如焊接、砌墙、搬运、安装和喷漆等，能有效提高施工效率和施工质量，保障工作人员的安全并降低工程建筑成本。2018 年，全球建筑机器人的市场规模为 2 270 万美元，销售量为 1 100 台。预计 2025 年，全球市场规模将增长至 2.26 亿美元。市场总体规模呈现快速增长的态势，越来越多的建筑企业投身机器人领域。在发达国家，因为劳动力短缺，所以有关建筑机器人的研究很早就开始了，美国 Construction Robotics 公司推出的 SAM100 机器人，如图 78(a)所示，每天可轻松砌砖 800～1 200 块，速度是人工的 3 倍；新加坡 Transforma Robotics 公司推出的 Picto Bot 机器人，如图 78(b)所示，能自动对墙面进行喷漆作业。丹麦 Odico Formwork Robotics 公司研发的机械臂，如图 78(c)所示，相比前两种只能进行简单工作的机器人更进一步，它能通过使用“热丝切割”技术来开发复杂的双曲混凝土模具，用以建造各种特殊样式的建筑物。使用该机器人热丝切割模具建造的办公楼如图 79 所示。国内关于建筑机器人的研究虽然起步较晚，但以各高校及研究所为主体的建筑机器人技术研究队伍已经基本形成，并已取得众多研究成果。例如我国“863 计划”的自动化领域智能机器人专题，已经开发出无人驾驶振动式压路机、可编程挖掘机、自动凿岩机、大型喷浆机器人和管道机器人等智能化机械设备。

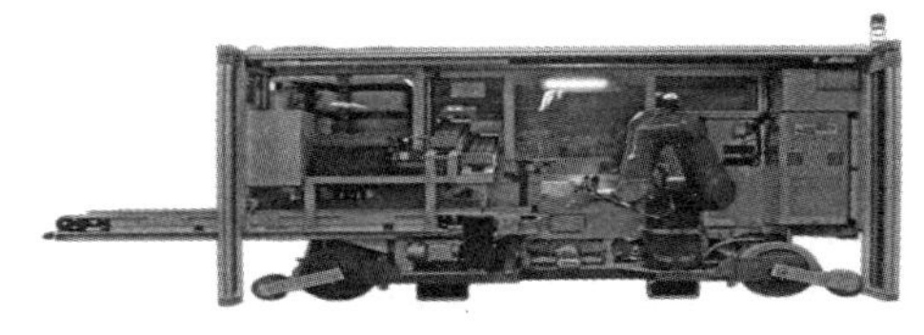

(a)SAM100 机器人

(b)Picto Bot 机器人

(c)机械臂

图 78 建筑机器人

图 79 使用机器人热丝切割模具建造的办公楼

除开发全新形式的建筑机器人外，对现有的建筑施

工设备进行自动化改造也是发展建筑机器人技术并使其快速投入应用的一条捷径。例如，对于建筑工程施工车辆（如挖掘机、推土机、压路机和渣土车等），可基于遥控操作、自主导航与避障、路径规划与运动控制、智能环境感知和无人驾驶等技术对其进行改造，实现相关车辆操作的遥控化、半自主化，甚至完全自主化，减少操作人员的工作负担，优化工作环境，提升作业安全性和效率，推进施工作业的标准化和精细化。参照这一模式，亦可考虑对塔吊、起重机等提举系统进行遥控操作改造，通过远程遥控操作彻底消除施工人员在现场操作的风险。

➡➡建筑工业化

建筑工业化是指通过现代化的制造、运输、安装和科学管理的生产方式，来代替传统建筑业中分散的、低水平的、低效率的手工业生产方式。它的主要标志是建筑设计标准化、构配件生产工厂化、施工机械化和组织管理科学化。一方面，当前传统的建筑施工方式普遍存在着建筑资源能耗高、生产效率低下、工程质量和安全堪忧、劳动力成本逐步升高和资源短缺严重等问题。这就要求建筑企业必须改变传统建筑施工方式，以满足未来建筑业可持续发展的要求。另一方面，随着我国新型城镇化的逐步推进、“一带一路”倡议的落地，建筑业迎来了全新的变革时期。目前来看，建筑工业化将是企业转型的必然选择。建筑工业化与传统建筑施工方式相比，通过标准化、机械化生产施工，减少了现场的人工操作，可以有效提升工程建设的效率与工程质量，保障施工安全。与此同时，建筑工业化作为一项系统性工程，有利于推动整个住房和城乡建设领域的技术进步和产业转型升级，节约资源，达到可持续发展的目的。基于现有的建筑技术和对未来发展的思考，在未来建筑工业化下进行建设的宏大图景已逐渐可见，如图 80、图 81 所示。

图 80　科幻中的大坝工业化建设

图 81　工业化建设的未来建筑群

未来建筑工业化的整体发展方向可以概括为以下几点：

✣✣建筑设计标准化

建筑生产工业化的前提条件，是指在设计中按照一定的模数标准规范构件和产品，形成标准化、系列化的产品，减少设计的随意性，并简化施工手段，以便于建筑产品能够进行成批生产。

✣✣构配件生产工业化

制定统一的建筑模数和重要的基础标准，合理解决标准化和多样化的关系，建立和完善产品标准、工艺标准和企业管理标准等，不断提高建筑标准化水平，发展建筑构配件、设备生产并形成适度的经营规模。

✣✣施工机械化

采用先进、实用的技术、工艺和装备科学合理地组织施工，发展施工专业化，提高机械化水平，减少繁重、复杂的手工劳动和湿作业。

✣✣组织管理科学化

采用现代管理方法和手段，优化资源配置，实行科学的组织和管理，培育和发展技术市场和信息管理系统。

✣✣装修一体化

工业化生产可通过标准化的设计，使用先进的生产设备，用流水线作业的生产方式，完成装修一体化目标。先进的工厂化管理方式、严格的质量控制体系能有效地提升装修的品质。

✣✣绿色环保化

在节能、节材方面，积极发展经济适用的新型材料，重视就地取材，利用工业废料，以节约能源、降低成本。

▶▶智能运维与管理

随着智能时代的来临，建筑作为承载人类活动时间较长的载体，智慧化将会成为它未来发展的方向之一。智慧建筑集“架构、系统、应用、管理及优化”组合为一体，具有感知、传输、记忆、推理、判断和决策的综合智慧能力，形成人、建筑、环境相互协调的整合体，为人们提供安全、高效、便利及可持续发展的功能环境。从 20 世纪 80 年代开始，本着对智慧生活和智慧工作的向往、对能源节约和环境保护的需要、对生态可持续发展需求的重视，建筑领域的先行者从未停止过探索智慧建筑的脚步。各国政府也纷纷把智慧建筑作为引导建筑领域健康发展的抓手，推出各种政策、标准和评价指标来鼓励智慧建筑行业的健康发展。企业界也从中嗅到了巨大的商业机会，开始发展各种新技术，并将其应用到智慧建筑中。可以说，技术创

新、经济发展、人们对智慧化体验的追求以及能源和环境压力，是智慧建筑不断自我更新升级的核心推动力。

➡➡结构健康监测

结构健康监测是土木工程领域近几十年伴随先进传感、物联网、人工智能和大数据等新一代信息技术而蓬勃发展起来的全新学科分支，其科学内涵是在线把握“原型结构”的真实状态，并为智慧管理提供决策支持。结构健康监测的目的是针对工程结构长期服役安全的需求，建立一种以最少人工干预的状态监测、特征识别和状态评估的自动化系统，为结构的管理和养护提供决策支撑。一套完整的结构健康监测系统通常包括五个部分，即传感器子系统、数据采集子系统、数据传输子系统、数据存储与管理子系统以及结构预警与评估子系统，如图 82 所示。

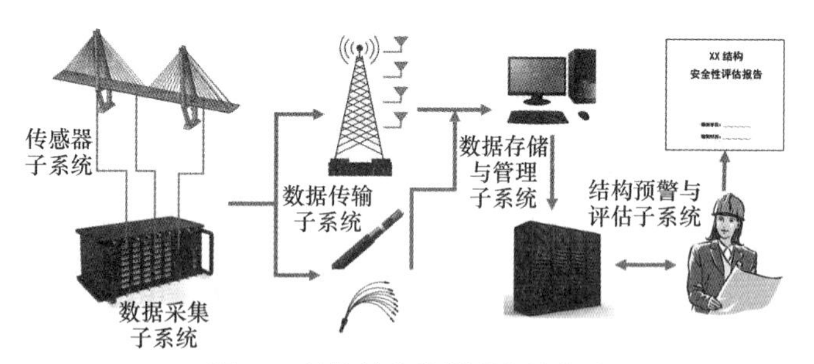

图 82　结构健康监测系统的构成

结构健康监测系统可以看作一种仿生系统，如图83所示，它将传统力学意义上“静止”的结构，赋予智能功能与生命特征，使其能够以生物界的方式感知外部环境（温度、湿度和风荷载等）和结构状态（变形、振动和耐久性等），使结构具备了“智能特征”。结构健康监测通过实时、在线、自动、连续的监测荷载作用输入和结构响应输出，分析和判断结构的服役状态，对结构异常情况进行及时预警，并给出与之相适应的维护方案，从而达到降低失效风险、延长使用寿命、节约运营成本的目的，对提升设计、施工、运营及维护水平具有重要的意义。伴随先进传感、物联网、大数据和云计算等信息技术的快速发展，结构健康监测取得了一系列的创新和突破。但其未来在数据感知获取、智能结构构建和结构识别评估等方面仍存在诸多挑战，这也为健康监测的未来发展指明了方向。

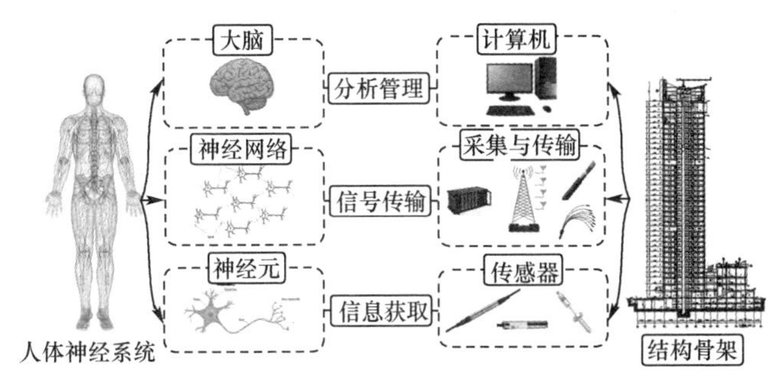

图83　人体神经系统和结构健康监测系统

❖❖数据感知获取方面

随着新一代蜂窝移动通信技术——第五代移动通信(5G)技术的逐步成熟和走向市场,结构健康监测技术可实现传感网络快速部署,减轻专业的网络配置工作,使得超大规模基础设施的高效集群监测成为现实。因此,需要研究面向5G网络的结构健康监测系统的构建技术。

❖❖智能结构构建方面

智能土木工程结构是指通过高度集中的传感和控制系统,实现对外界激励的自感知和自适应。构建智能土木工程结构的目的是将结构健康监测和结构维护管理成本最小化,在最少人为干预的条件下满足:

自主感知结构的服役状态并反馈信息,实现结构与人的"对话",让管理者实时掌握结构的运营状态和潜在的风险与隐患。

当外界输入发生变化时,结构能自动做出响应,将结构响应控制在正常、安全范围内,并可在一定程度上自主修复早期局部损伤。

❖❖结构识别评估方面

数据采集技术的不断进步使得结构健康监测系统获取更加全面的荷载与结构响应成为可能;无人机、机器人等技术大幅提高了结构外观检测的自动化程度，使得文本、图片和视频等非结构化数据得以快速累积。两者最终融合形成多样化的结构大数据。如何对海量大数据进行高效的管理和分析亟待解决。

➡➡绿色建筑

绿色建筑是在建筑的全寿命周期内，最大限度地节约资源（节能、节地、节水、节材），保护环境和减少污染，为人们提供健康、适用和高效的使用空间，实现人与自然和谐共生的建筑，即“四节一环保”的建筑，如图 84 所示。这一定义明确了通过提高能源、资源利用效率，减少建筑对能源、土地、水和材料资源的消耗，提升建筑内部环境品质，减少建筑对外部环境影响的核心任务；突出了在“全寿命周期”范畴内统筹考虑的原则，强调了健康、适用、高效的使用功能要求，体现了人与自然和谐共生、营造和谐社会的思想。

绿色建筑不仅是现代技术理论发展所带来的“偶然性”，而且在一定程度上是迫于资源枯竭和环境退化所产生的“必然性”。建筑业所消耗的资源，包括材料、能源、人力和土地等均十分巨大。因此，政府作为基础设施建设的监督者，将始终是绿色建筑发展中环境维度的主要推动力量。

图 84　绿色建筑

从环境的视角看，未来绿色建筑应具备低能耗、材料环保、水资源可循环、低废弃物排放和零污染、可持续建筑选址的特征。低能耗的建筑结构设计，在建造过程中应采用合理、高效的手段避免能源浪费，避免使用对环境有破坏的建筑材料和装饰材料。通过自动检测、自适应的智能优化，调节系统降低能源消耗并避免浪费。通过水资源的循环净化以及其他辅助系统，实现对水资源的高效利用。低废弃物排放和零污染包括废弃物再利用、高污染物的有效收集等，以及避免土地、大气和水资源污染的设计方案。建筑应选址在对周围环境影响最小的位置，保留绿地、野生动物保护区等当地的自然生态环境。绿色建筑应该是环境友好、自适应、资源优化和绿色节能的，最终实现建筑和生态可持续发展的完美结合。

参考文献

[1] 刘磊. 土木工程概论[M]. 成都:电子科技大学出版社,2017.

[2] 崔京浩. 土木工程的学科优势和人力资源开发. 土木工程学报[J]. 2017,50(5):1-11.

[3] 张春琳,万敏. 世界桥梁遗产的价值内涵及入选条件分析——《世界桥梁遗产报告(Context for World Heritage Bridges)》解读[J]. 华中建筑,2018,36(2):13-16.

[4] 钱七虎,陈晓强. 国内外地下综合管线廊道发展的现状、问题与对策[J]. 地下空间与工程学报,2007,3(2):191-194.

[5] 李德强. 综合管沟设计与施工[M]. 北京:中国建筑

出版社,2009.

[6] 国外城市排水系统—东京[J]. 隧道建设,2012,32(04):440.

[7] 钱稼茹. 高层建筑结构设计[M]. 3 版. 北京:中国建筑工业出版社,2018.

[8] 陈维敬. 论核电站单层安全壳和双层安全壳的作用[J]. 核动力工程,1985,6(4):9-14.

[9] 姚玲森. 桥梁工程[M].2 版. 北京:人民交通出版社,2010.

[10] 梁波. 隧道工程[M].重庆:重庆大学出版社,2015.

[11] 龙驭球,包世华,袁驷. 结构力学Ⅰ[M].4 版. 北京:高等教育出版社,2018.

[12] 梁兴文. 混凝土结构设计[M]. 重庆:重庆大学出版社,2014.

[13] 何若全. 钢结构基本原理[M]. 北京:中国建筑工业出版社,2018.

[14] 伊廷华.结构健康监测教程[M].北京:高等教育出版社,2021.

“走进大学”丛书拟出版书目

什么是机械？	**邓宗全**	中国工程院院士 哈尔滨工业大学机电工程学院教授（作序）
	王德伦	大连理工大学机械工程学院教授 全国机械原理教学研究会理事长
什么是材料？	**赵　杰**	大连理工大学材料科学与工程学院教授 宝钢教育奖优秀教师奖获得者
什么是能源动力？	**尹洪超**	大连理工大学能源与动力学院教授
什么是电气？	**王淑娟**	哈尔滨工业大学电气工程及自动化学院院长、教授 国家级教学名师
	聂秋月	哈尔滨工业大学电气工程及自动化学院副院长、教授
什么是电子信息？	**殷福亮**	大连理工大学控制科学与工程学院教授 入选教育部“跨世纪优秀人才支持计划”
什么是自动化？	**王　伟**	大连理工大学控制科学与工程学院教授 国家杰出青年科学基金获得者（主审）
	王宏伟	大连理工大学控制科学与工程学院教授
	王　东	大连理工大学控制科学与工程学院教授
	夏　浩	大连理工大学控制科学与工程学院院长、教授
什么是计算机？	**嵩　天**	北京理工大学网络空间安全学院副院长、教授 北京市青年教学名师
什么是土木工程？	**李宏男**	大连理工大学土木工程学院教授 教育部“长江学者”特聘教授 国家杰出青年科学基金获得者 国家级有突出贡献的中青年科技专家

什么是水利？ **张　弛** 大连理工大学建设工程学部部长、教授
教育部“长江学者”特聘教授
国家杰出青年科学基金获得者

什么是化学工程？
贺高红 大连理工大学化工学院教授
教育部“长江学者”特聘教授
国家杰出青年科学基金获得者
李祥村 大连理工大学化工学院副教授

什么是地质？ **殷长春** 吉林大学地球探测科学与技术学院教授（作序）
曾　勇 中国矿业大学资源与地球科学学院教授
首届国家级普通高校教学名师
刘志新 中国矿业大学资源与地球科学学院副院长、教授

什么是矿业？ **万志军** 中国矿业大学矿业工程学院副院长、教授
入选教育部“新世纪优秀人才支持计划”

什么是纺织？ **伏广伟** 中国纺织工程学会理事长（作序）
郑来久 大连工业大学纺织与材料工程学院二级教授
中国纺织学术带头人

什么是轻工？ **石　碧** 中国工程院院士
四川大学轻纺与食品学院教授（作序）
平清伟 大连工业大学轻工与化学工程学院教授

什么是交通运输？
赵胜川 大连理工大学交通运输学院教授
日本东京大学工学部 Fellow

什么是海洋工程？
柳淑学 大连理工大学水利工程学院研究员
入选教育部“新世纪优秀人才支持计划”
李金宣 大连理工大学水利工程学院副教授

什么是航空航天？
万志强 北京航空航天大学航空科学与工程学院副院长、教授
北京市青年教学名师
杨　超 北京航空航天大学航空科学与工程学院教授
入选教育部“新世纪优秀人才支持计划”
北京市教学名师

什么是环境科学与工程？

陈景文 大连理工大学环境学院教授
教育部“长江学者”特聘教授
国家杰出青年科学基金获得者

什么是生物医学工程？

万遂人 东南大学生物科学与医学工程学院教授
中国生物医学工程学会副理事长（作序）

邱天爽 大连理工大学生物医学工程学院教授
宝钢教育奖优秀教师奖获得者

刘　蓉 大连理工大学生物医学工程学院副教授

齐莉萍 大连理工大学生物医学工程学院副教授

什么是食品科学与工程？

朱蓓薇 中国工程院院士
大连工业大学食品学院教授

什么是建筑？ **齐　康** 中国科学院院士
东南大学建筑研究所所长、教授（作序）

唐　建 大连理工大学建筑与艺术学院院长、教授
国家一级注册建筑师

什么是生物工程？

贾凌云 大连理工大学生物工程学院院长、教授
入选教育部“新世纪优秀人才支持计划”

袁文杰 大连理工大学生物工程学院副院长、副教授

什么是农学？ **陈温福** 中国工程院院士
沈阳农业大学农学院教授（作序）

于海秋 沈阳农业大学农学院院长、教授

周宇飞 沈阳农业大学农学院副教授

徐正进 沈阳农业大学农学院教授

什么是医学？ **任守双** 哈尔滨医科大学马克思主义学院教授

什么是数学？ **李海涛** 山东师范大学数学与统计学院教授

赵国栋 山东师范大学数学与统计学院副教授

什么是物理学？ **孙　平** 山东师范大学物理与电子科学学院教授

李　健 山东师范大学物理与电子科学学院教授

什么是化学？	陶胜洋	大连理工大学化工学院副院长、教授
	王玉超	大连理工大学化工学院副教授
	张利静	大连理工大学化工学院副教授
什么是力学？	郭　旭	大连理工大学工程力学系主任、教授
		教育部“长江学者”特聘教授
		国家杰出青年科学基金获得者
	杨迪雄	大连理工大学工程力学系教授
	郑勇刚	大连理工大学工程力学系副主任、教授
什么是心理学？	李　焰	清华大学学生心理发展指导中心主任、教授（主审）
	于　晶	辽宁师范大学教授
什么是哲学？	林德宏	南京大学哲学系教授
		南京大学人文社会科学荣誉资深教授
	刘　鹏	南京大学哲学系副主任、副教授
什么是经济学？	原毅军	大连理工大学经济管理学院教授
什么是社会学？	张建明	中国人民大学党委原常务副书记、教授（作序）
	陈劲松	中国人民大学社会与人口学院教授
	仲婧然	中国人民大学社会与人口学院博士研究生
	陈含章	中国人民大学社会与人口学院硕士研究生
		全国心理咨询师（三级）、全国人力资源师（三级）
什么是民族学？	南文渊	大连民族大学东北少数民族研究院教授
什么是教育学？	孙阳春	大连理工大学高等教育研究院教授
	林　杰	大连理工大学高等教育研究院副教授
什么是新闻传播学？		
	陈力丹	中国人民大学新闻学院荣誉一级教授
		中国社会科学院高级职称评定委员
	陈俊妮	中国民族大学新闻与传播学院副教授
什么是管理学？	齐丽云	大连理工大学经济管理学院副教授
	汪克夷	大连理工大学经济管理学院教授
什么是艺术学？	陈晓春	中国传媒大学艺术研究院教授